HARDCORE
PSYCHOLOGY

重口味
心理学

怎样证明你不是神经病？

姚尧 作品

湖南文艺出版社
HUNAN LITERATURE AND ART PUBLISHING HOUSE

博集天卷
CS-BOOKY

探寻内心的隐秘世界，
揭开深藏心底的怪癖行为

目 录

第一篇

多重人格障碍：

一个肉体能装下几个 "灵魂"

人们都说爱情没有性别、种族甚至物种之分，实际上多重人格障碍中的分身也是没有性别、种族甚至物种限制的。比如说，一个人可以同时具有一个娇小可爱的女性和一个强有力的男性两个分身，其中男性的一方充当起了保护女性的角色；一个人可以同时具有主人和宠物两个分身，他的人格时而是人，时而又变成一条毛茸茸的大胖狗。

你最早接触"多重人格障碍"一词是在什么时候？

我回想了一下，我最早接触这个词，就是看希区柯克执导的那部1960年上映的黑白老片《惊魂记》时了。

后来这种题材的电影越来越多，有大家非常熟悉的《致命ID》《搏击俱乐部》《禁闭岛》等等，让大家体验精彩之余也对心理学更加心向往之。

多重人格障碍有个对大家来说可能非常生疏的别名：分离性身份识别障碍（Dissociative Identity Disorder，简称DID），可以从字面理解成分开后连自己都不认识自己了。

有时候有人会跟你开玩笑说："你是爱我的肉体，还是爱我的灵魂？"

在这里，我们可以把多重人格障碍看作一个肉体中装了多个灵魂，它们轮流来享用、驱使你的肉体。

"肉体"就是你的躯体，是你照镜子时镜子中你的模样。

"灵魂"就是你自己独有的行为模式、语音语调、习惯姿势等。

比方说，你的亲人在家中等候你归来，这个时候楼道里响起了脚步声，很多时候他们不用眼睛，仅靠聆听脚步声的轻重缓急便能分辨出来是不是你。而这个你独有的脚步声就是你"灵魂"的一部分。换句话说，灵魂就是你的气息，你的性格，你为人处事的方式……是人们常说的就算你化成灰他们也认得的东西。

因为多重人格障碍简称为DID，所以下面这个故事中的男主角我们就称他为D吧。

D是个二十七岁的黑人，他有很严重的头疼病，一天疼两次，一次疼半天，总之很能疼。而且有一点很奇怪，他总是记不起头疼的时候自己做过些什么。

有一次，又挨过了一个头疼难忍的夜晚之后，他终于忍不住去医院住院接受治疗。不知情的人以为 D 忍受不了头疼，其实那只是一部分原因，但不是主要的，主要的是他听到了关于他在头疼发作时所做的一切，不禁一身冷汗。

到底 D 在头疼时都做了些什么让他如此后怕？答案如下：跑到外面和人打了一架，其间试图用刀子刺死对方，但被警察发现，逃跑时左腿被射中一枪；拿着菜刀追着自己的妻子和只有三岁大的女儿满屋子跑；试图把一名男子淹死在河中，但是在扭打过程中他自己先掉了进去，结果逆流游了四百米回到家里，第二天早上醒来时发现自己全身湿透，却搞不清楚是为什么。

选择住院治疗对 D 来说真是再明智不过的决定了，因为他接下来的头疼和失去记忆时的行为都会在医务人员的观察与掌控之内。

医务人员不久就惊讶地发现，D 在头疼期间会以不同的名号自称，举止也发生改变，完全跟换了一个人一样！

最后大家经过一番艰苦卓绝的辨认和分析，一致得出了 D 的另外三个分身：小 D、中 D 和大 D。

小 D，看起来非常儒雅，冷静又理智，能很好地控制自己。

中 D，就是只多情的蜜蜂。

大 D，这个角色可不得了，是个心狠手辣的暴徒。

最可怜的 D，对他这另外三个"兄弟"的存在一无所知，四个灵魂挤在他那狭小的身体里你争我夺，誓要把肉体独占。

心理学专家们在 D 旁边围作一团，紧锣密鼓地分析，最后对 D 的三个兄弟分别进行了身份认证。

小 D，是在 D 六岁的时候第一次出现的，因为那时 D 目睹了他母亲刺伤了他父亲。

中 D，D 的母亲有时非常喜欢把他打扮成一个女孩，所以有一次在这种场合下，中 D 悄然登场。

大 D，在 D 十岁那年，他被一群白人青年野蛮地殴打，就在这个时候，大 D 出现了，宣称他存在的全部原因就是为了保护 D。

大家可以把三位"兄弟"的性情和他们出现的时机对比看一下，自己揣摩一下个中意味。如果还是不解的话，后边会为大家揭晓答案。

咱们继续。

"D 氏兄弟"就这样在 D 的体内有你没我地闹腾得欢畅。

其中，跑到外面跟人打架、用菜刀追着老婆孩子跑的是大 D。

中 D 会做些什么呢？见到漂亮姑娘就迈不开腿，拍打着翅膀在姑娘屁股后面嗡嗡个不停。

小 D 看上去最完美，也最惹人爱，会偶尔在 D 认真工作的时候出现。

三兄弟是如此，唯独没有交代 D 的性情，难道他自己是个谜吗？你们觉得真正的 D 会是什么样子的？

事实上，这里有个核心人格和非核心人格的说法。

核心人格是自娘胎里出来时原装的"灵魂"，就是 D；非核心人格就是 D 后来出现的另外这三个"兄弟"。

通常情况下，核心人格是消极的、依赖的、内疚的、抑郁的，要不怎么会让别的"家庭成员"乘虚而入？

所以 D 可能会是个外强中干的男人，因为他变成大 D 后能够出去与人打架还占了上风，证明他也许是个大块头或者有着强壮的体魄，是个肌肉型的猛男。但是他需要变成大 D 后才可以做到这些，又反映出了他作为 D 时的懦弱。因此一个看上去很凶悍却不敢较真，遇到强硬问题时会逃避、退缩、胆小、害怕，甚至想偷偷一个人躲起来大哭一场的形象就摆在我们眼前了。

但是还没有完。

非核心人格可能是敌对的、控制的，有的时候，更权威的非核心人格反而会来掌控整个局面，它会把时间分配给其他人格，并且常常会把那些人格安排在不舒服的情况下出现。你们觉得"D 氏兄弟"中谁在当家做主？有人认为是大 D 吗？因为出风头的事全让他一人干了。但是错了，当家的不是大 D，还是 D。

为什么这么说？因为谁掌控局面谁分配时间啊。大家看 D 总是在身体很不舒服（头疼）的情况下才让其他三个"兄弟"出现。我不爽了，才把烂摊子留给你，你不去也得去。所以感觉到 D 的腹黑[1]和闷骚[2]没有？

现在再来看 D，这时就整合成了一个表面看似中规中矩或者偏于强悍，

1　腹黑：多指表面和善温良，内心却黑暗邪恶的人。

2　闷骚：一般指外表文静而内心狂热的人。

但私底下欲狠无力，没事只能偷着坏，幻想狂妄而现实软弱的既可憎又有那么点可爱的男人。

D 说过，他对那三个"兄弟"的存在一无所知，那么反过来，小 D、中 D、大 D 三个"兄弟"对 D 的存在也一无所知吗？那可不一定。也就是说大多数情况下核心人格是无法感知到非核心人格的存在的，但是反过来，非核心人格却不一定感知不到核心人格的存在，所谓"兄弟们"在暗，D 在明啊。

"D 氏兄弟"一家四口的故事看到这儿，我心中一直有个小小的疑惑。疑惑就来源于我先前看过的那些电影。无论是《惊魂记》还是《禁闭岛》，其中人格只分裂成了两个，《搏击俱乐部》里是诺顿和皮特，还有电影《三面夏娃》，充其量分裂成了三个，看到 D 我知道了还能分裂成四个。那么，一个多重人格障碍患者究竟能够分裂成几个人格？

专家这时出面了，说："你们那都不是事，我们的临床研究表明，一个多重人格障碍患者最多可以有十三至十五个不同的人格。"

人们都说爱情没有性别、种族甚至物种之分，实际上多重人格障碍中的分身也是没有性别、种族甚至物种限制的。比如说，一个人可以同时具有一个娇小可爱的女性和一个强有力的男性两个分身，其中男性的一方充当起了保护女性的角色；一个人可以同时具有主人和宠物两个分身，他的人格时而是人，时而又变成一条毛茸茸的大胖狗。

电影中不同人格间的转换往往神不知鬼不觉，让你丈二和尚摸不着头脑；现实生活中的转换也确实是瞬间的，如同川剧的变脸，"嗖"的一下就过去了，而且换了"灵魂"后还会发生一些意想不到的改变。一项研究表明，37% 的病例发生了优势手的改变，一下子就变成了左撇子或右撇子。还有人之前有眼睛斜视的问题，变成另一个人格后这个问题也神奇地消失了。

什么情况会诱发人格的转变呢？几乎是任何情况，比如看到一个橘子，就是这么简单而偶然。

我们都知道，有很多情绪问题，如伤心、抑郁、焦虑等，会随着时间的推移而慢慢自愈。这里我用到了"情绪问题"这个词，显然它并没有上升到障碍的高度。实际情况是，绝大部分的心理障碍是绝对没有可能自愈的，多重人格障碍也是，一旦患上，如不治疗，将会持续终生，而且当多重人格障碍患者到了新的环境生活后，可能还会分裂出新的人格。

患上多重人格障碍是如此难治疗，没病的人可不可以伪装患上该病呢？这是个值得探讨的问题。

这里我要再提一下电影《致命 ID》，它简直可以成为多重人格障碍的科教片了。影片中有司法人士和心理学专家坐在一起争论男主角是否应该被定罪的情节，其中，司法方提出这个凶手会不会是在伪装多重人格障碍？因为当时的法律规定对精神障碍患者可以免予追究刑事责任。后来不幸惨遭毒手的那位心理学专家这时极力替男主角申辩，他递给了司法方一本日记，里面赫然呈现了具有不同字体、语气和行文方式的文字。司法方看过后迟疑了……

剩下的内容就留给已经看过这部电影的人回忆，没看过的人自己找来看吧。接下来我要给大家讲一个新故事，一个关于多重人格障碍能否被伪装的故事。

故事的名字叫"丘陵杀手"。

二十世纪七十年代晚期，有位叫 Kenneth Bianchi（肯尼斯·比安奇，以下简称 K）的男子在洛杉矶地区残暴地强奸并杀害了十名年轻妇女，并把她们的裸尸抛到不同的土堆上。"丘陵杀手"因此得名。虽然事后有无数证据表明 K 就是那个丘陵杀手，他却一直不停狡辩，哭天喊地，引来专业医师的注意，认为他可能是个多重人格障碍患者。接下来，他的律师顺水推舟地带来了一位心理医生，随即催眠了 K，然后该医生问他："我能不能和你身体中的另一部分聊聊天？"这时，一个凭空出世的叫作 S 的人出来答话了："我等了你们很久了，没错，我才是那些案子的凶手，你想把我怎么样？还有啊，K 他什么都不知道，他可是无辜的啊！"

有了这种证据，K 以及 K 的律师都觉得十拿九稳，气定神闲。只是没有料到，一山更比一山高，控方律师见状请出了 Martin Ome（马丁·奥默，以下简称 M），来"料理"一下 K 的心理问题。

M 是谁？他可是当时著名的临床心理学及精神病学专家，是催眠及多重人格障碍领域响当当的泰斗级的人物！

随即，对决开始，大师一出手，就知有没有。

第一招：欲擒故纵。

一次与 K 的深入会谈中，M 佯装不经意地提到，一个真正的多重人格障碍患者应该至少分裂出三个人格。不久之后，K 体内的 S2 就出现了。

第二招：打草惊蛇。

一日 M 约见 K，提出一个非常诚恳的请求：请把这一天的时间都给我好吗？随后，M 大爷手提量表，像打了鸡血似的，对 K 进行了一整天心理测试的狂轰滥炸。这些战火中诞生的测试结果表明，K 与真正的多重人格障碍患者还存在着非常大的差距。

第三招：釜底抽薪。

M 联系警方搜查了 K 的住处，发现有很多关于精神病理学的教科书，因此推测，他可能研究过这类问题；调查采访 K 的亲友，发现他在被捕之前从未出现过任何心理异常。

三招过后，K 完败于大师脚下。M 最后得出的结论是：K 的多重人格障碍是伪装的！在这份有力的证词基础上，K 最后被认定为有罪并判处无期徒刑。

实际上，还有种非常简单的区分伪装与否的方法：装病者总是急于显示自己的症状，而真正的多重人格障碍患者则会试图掩盖自己的症状。

多重人格障碍与精神分裂症之间虽然有很多共同点，但它们其实是完全不同的两种心理障碍。最直观的区别在于：前者是一个肉体多个灵魂，而后者是一个肉体一个灵魂。

除此之外，两者都会产生幻听，但区别在于：多重人格障碍患者听到的声音来源于内部，即自己的头脑里，是自己跟自己的对话；而精神分裂症患者则会认为那是天外之音，是别人发出来的。

此外，多重人格障碍患者能认识到所有这些只是幻觉，往往会自己压制住这种声音；而精神分裂症患者则认为那些声音都是真实的，尽管实际上它们并不存在。

该进行下一个案例了，而且该案例的经典程度无与伦比。

它的厉害之处在于它具有里程碑般的意义！这就是著名的"安娜案例"。安娜对精神分析理论的发展以及随后出现的精神分析治疗起到了至关重要的作用。正是因为她的出现，人们才把目光迅速投向了潜意识领域，因此她也被认为是精神分析的第一位病人。

一提潜意识，大家是不是就会下意识想到弗洛伊德？弗洛伊德提出的潜意识的概念真是为心理学的发展做出了巨大的贡献。

他认为心理分为两个层次：意识与潜意识。

就像一座巨大的锥形冰山，把它放入海里，露出海面的那一小部分用刀切开，然后装进意识，而海面下真正的庞大的部分却用来装潜意识。因此在整个心灵的冰山里，潜意识才是真正的大 BOSS。

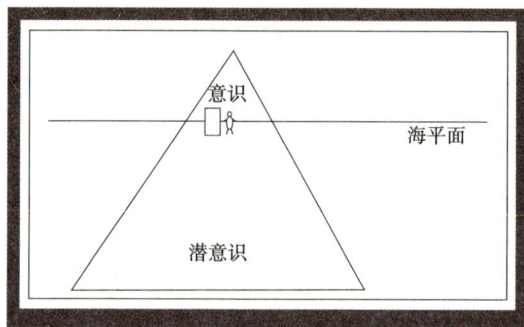

现在我们把冰山放入我们的脑中，在上面与下面接合的地方开一道门，放一个小人把守。

白天我们工作学习忙碌，都靠着上面的小冰山接收来自各种渠道的信息：所有看过的东西、听过的声音、闻过的气味……

有一些我们刚接触过就忘记了，或者过一段日子后忘记了。但是弗洛伊德认为，你其实并没有真的忘记，它们只不过是顺着那道小门溜入了下面的大冰山中。可是我们自己浑然不知啊，因为尽管潜意识不可否认地存在，但自己所能察觉到的只是浮出水面的小冰山中的意识。

只有当我们心理控制松懈的时候，也就是守门的小人精神恍惚的时候，这些被关在大冰山中的潜意识才会撒了欢地通过小门跑到意识中去，只可惜这时的我们不是被催眠了，就是在做梦。所以梦境总是那么百转千回。当我们清醒后，守门的小人也重新振作，把那些逃走的潜意识重新赶回了大冰山中，刚才发生的一切一下子恍若隔世……

尽管你意识不到潜意识神一般的存在，但它却在冥冥之中左右了我们太多：为什么我们选择一种职业，而不是另一种？为什么我们同某人结婚而不是别人？为什么我们会没来由地害怕某些东西？这些除了能在现实中找到可意识到的理由外（比如优厚的薪水，漂亮英俊的结婚对象，等等），更多的是由我们过去经历过但现在却已经遗忘的事情决定的，也就是潜意识。

我的导师曾经说过：所有心理疾病的源头，实际上都是潜意识发生了问题。因为你是可以控制意识的，那些浩大而诡异的潜意识却远远超出了你的掌控范围，如果它们出了问题，必然立刻陷你于水火之中。

因此精神分析，通常就是对潜意识的分析。

好了，终于顺利地讲完了弗洛伊德提出的潜意识，下面可以开始走进安娜姑娘的世界了。

前面提到了"安娜案例"里程碑式的意义以及安娜的精神分析第一病人的名号，也许就会有人认为作为精神分析学派创始人的弗洛伊德应该就是她的主治医师，其实不是，弗洛伊德甚至从未见过她，真正的医师是Josef Breuer（约瑟夫·布鲁尔，弗洛伊德早期的导师与合作者，下文中简称为J）。

安娜是一名二十一岁的未婚女性，出生在维也纳一个显赫的犹太家族。安娜第一次和J见面时，开始只抱怨说自己长期咳嗽。J一听，可拉倒吧，只是咳嗽这么简单你能来找我？不说实话，那我就亲手撬开你的嘴巴。J随后对安娜进行了催眠。

催眠术的目的是什么？就是让守门的小人昏昏欲睡，这样潜意识才可以肆无忌惮地闯入意识的领地去闹它一闹，才使得患者自己意识到先前那些潜伏在暗处的让他（她）道不清楚又弄不明白的东西。

J成功地用催眠术勾起了安娜的记忆，重构了那些导致她前来就诊的事件，这里包含的可就多了：远到童年的经历；近到她正在照顾身染重病的父亲，倍感身心疲惫。

催眠结束后，J 道出了安娜前来就医的真正缘由，安娜顿时两眼饱含热泪，像见了亲人一样，彻底对 J 敞开心扉，竹筒倒豆子一般把其余的症状都说了出来："其实我还觉得我的眼睛和耳朵有点不好使了，颈椎也难受，头疼，右臂和右腿发麻……"

听完后，J 隐隐约约觉得可能还有其他问题，于是干脆把她登记在册，打算以后对其进行密切随访。

要说 J 的眼光还真是敏锐，就在安娜造访的两个星期后，她突然出现了短暂失语的症状，紧接着，体内开始出现两个不同的人格，来回转换，没有任何预兆。

安娜从此有了安娜 2。

前面说过，核心人格通常是消极的、依赖的、内疚的、抑郁的，安娜自己确实有点小内向还有点小抑郁。可安娜 2 却恰恰相反，这叫一个能折腾：看谁不顺眼上去就是一顿咆哮，叛逆，行为古怪，比如把衬衫上的纽扣全都扯掉。这也正印证了非核心人格敌对、控制、反社会的特点。

1881 年 4 月 5 日，安娜的父亲去世了，悲伤之余，已经卸下重担的安娜的病情却急转直下。她人格转换的频率越来越快，变成安娜 2 时还出现以下症状：

①除了 J 外，其他人等一概无法辨认。

②只能说英语，而作为安娜的时候她还会说法语、意大利语和德语。

③只有 J 喂她，她才会吃点东西。

再后来，她的情况越来越糟，开始有自杀倾向。于是在 1881 年 6 月 7 日，她被 J 转移到特殊的地方监护起来。这期间，J 一直在做不懈的努力，使出浑身解数，却始终未见效果。直到后来，安娜突然出现了回避喝水的症状。J 一看这架势，心说她是铁了心地要玩命啊，心急如焚，便又开始了对她的催眠。

答案紧接着浮出水面：有一次，安娜看到一条狗在水杯里喝水，顿时觉得非常恶心。J 顺势诱导她表达出了内心真实的感受。当安娜从催眠中醒来时，她的恐水症竟奇迹般地好了。

J顿悟了，他领悟到了这种后来成为精神分析技术主要治疗方法的东西，那就是：宣泄！J迅速把这种方法运用于安娜其他症状的治疗，而这些症状也奇迹般地消失了。J立功了！

再后来，弗洛伊德对这项发现做了系统的论述，并把它运用到梦的解析之中，宣泄一切因为"压抑"而产生的心理痛苦，取得了巨大的治疗成果。

只是，尽管安娜的许多病状都已被清除，她多重人格障碍患者的身份却并未发生改变。

安娜的朋友谈起安娜时是这样说的：她就像过着"双重的生活"。一方面，她是个柔弱的维也纳十九世纪末的文化精英；另一方面，她又是一个强硬的女权主义者和改革家。

没错，多重人格障碍患者的身份并没有妨碍安娜后来成为一个杰出而成功的人。很多常人看来灾难般的精神疾病，其实都没有阻止患者奋发成为一名优秀人才的脚步。

随后的几十年中，安娜先后成为德国法兰克福犹太孤儿院的领导者，建立了犹太妇女联合会，开办未婚妈妈之家，致力于妇女儿童事业。

安娜的案例就讲到这里了，终于到了可以好好说说多重人格障碍成因的时候了。

几乎所有多重人格障碍患者回忆时都提到过，在他们还是个孩子的时候，受到了极为可怕的、常常是难以启齿的虐待。

下面就请塞比尔塞小姐登场，勇敢地为我们回忆一下她的过去……

塞小姐的母亲患有精神分裂症，病发时连塞小姐的父亲——一个铮铮铁骨的汉子都差点尿裤子。母亲虐待塞小姐的时候，他从不插手。我想他不仅仅是因为害怕，更多的是心中有着一种另类的情愫：几分对塞小姐母亲的爱？几分无奈？甚至几分袖手旁观，面对施虐场面时内心疼痛却又有几分快感的体验？

童年里的塞小姐几乎每天都要遭几次毒手，有几回差点就没命了。她还不到一岁的时候，母亲就借鉴了日本文化中的捆绑艺术，变着花样地施展在塞小姐身上，偶尔还把她吊到天花板的电风扇上旋转……

端午节的时候，不知道大家那边有没有一项习俗，作者家这边是这样的：那天天亮之前要在手腕脚腕上扎上五彩绳，下一次下雨的时候把它们剪掉，顺雨水漂走，一年的灾病也全都冲走了。所以妈妈会在天亮之前起床，轻手轻脚地走到熟睡的孩子身边，偷偷帮孩子扎上五彩绳。等早晨孩子醒来的时候会发现这突然到来的"小礼物"，浓浓的母爱就深深体现其中。

然而塞小姐遇到的情况却是：也是在夜里，在很多个夜里，她的母亲也是这样悄无声息地来到她身边，把各种各样的东西强塞进她的阴道里！这便是塞小姐的人生！

塞小姐的母亲解释说，她这样做是为了让塞小姐接受成年后的性生活。但是，事实上她已经严重地损伤了女儿的身体。更严重的是，她狠狠撕裂了塞小姐的心，直到塞小姐成年后接受妇科检查时，仍能看见身体里清晰的疤痕。除此之外，塞小姐还被灌进大量效用强劲的泻药，却不准去上厕所。

正是因为塞小姐父亲的不干预态度，弱小的塞小姐整个童年都是在母亲的虐待中度过的。

就借着塞小姐的故事，我们进入她的世界，想象一下你在这样的环境中度过了童年，你会怎么做？你还太小，不会逃跑，也不会给警察打电话，所遭受的疼痛几乎是难以忍受的，但你根本就不知道这是不正常或错误的。你只有一件事可以做，就是躲进一个虚幻的世界里！在这个世界里，你可以成为另外一个人，使接下来的几个小时更容易忍受些，那么下一次你还会寻求这种躲避的方式。在你的意识中，你需要创造的身份数量是没有限制的，十五个、二十五个、一百个……为了摆脱生活的痛苦，你在所不惜。一份研究报告也证明，一百个多重人格障碍患者中，有九十七个都在儿童时期受到过严重的精神创伤，而且往往是躯体创伤和性虐待。他们中很多人的经历也都像塞小姐的遭遇那样令人发指。有的孩子被活埋，有的被火柴、蒸汽熨斗烫伤，有的被刮胡刀或玻璃片划伤。

这里再有请一下"D氏兄弟"出场，来回答一下前面提出的问题：大D、中D、小D出现的原因是什么？

我们重新看一下小D、中D、大D出现的时机：

小 D，是在 D 六岁的时候第一次出现的，因为那时 D 目睹了他母亲刺伤了他父亲。

中 D，D 的母亲有时非常喜欢把他打扮成一个女孩，所以有一次在这种场合下，中 D 悄然登场。

大 D，在 D 十岁那年，他被一群白人青年野蛮地殴打，就在这个时候，大 D 出现了，宣称他存在的全部原因就是为了保护 D。

再来看他们的样子：

小 D，看起来非常儒雅，冷静又理智，能很好地控制自己。

中 D，就是只多情的蜜蜂。

大 D，这个角色可不得了，是个心狠手辣的暴徒。

大家现在是否恍然大悟？

D 在目睹了母亲的冲动暴行后，心灵备受冲击，为了逃避这种痛苦，开始幻想母亲是个温柔克制的人。可是求不得，苦，于是干脆自己摇身一变，变成了理智又冷静，能很好地控制自己的小 D。

因为母亲有时非常喜欢把 D 打扮成一个女孩，D 内心充满抵抗与不满，渴望自己能像个爷们儿一样。可是求不得，苦，因此花心浪情的中 D 出场了。

D 被一群白人青年野蛮地殴打，备受羞辱，他幻想自己是超人、蜘蛛侠、蝙蝠侠、钢铁侠、美国队长……可是求不得，苦，于是暴力凶残的大 D 现身了。

但是，并不是所有精神创伤都是由虐待引起的，还有可能是由战争或自然灾害引起的。

曾经有心理学者描述，在战火纷飞的地区，一个小女孩亲眼看到双亲被地雷炸死，在极度悲哀的情况下，她试图一点一点把他们的尸体拼凑在一起……

还有一些人，是潜意识里为了逃避目前生活的困境，才会患上多重人格障碍，比如逃避打官司，逃避生活和工作中承受的严重压力，逃避生离死别，等等。

此外，先天的遗传因素也多多少少会有些影响。

至此，我们可以看出多重人格障碍通常是在经历了严重的躯体或精神创伤后出现的。有人看到这儿会突然蹦出来说："创伤后应激障碍也是由严重的躯体或精神创伤造成的吧？"

没错，就是啦。

但为什么有的人被刺激后会患上多重人格障碍，有的人则会患上应激障碍呢？咱们还得从发达国家人口收入的分布说起。

据说发达国家的人口收入分布是一个完美的枣核型，最贫穷和最富有的人口分别占据了它的两端，而中间的大部分是中产阶级。同理我们也可以这样看：有些人很容易受到心理暗示，有些人很不容易受到心理暗示，他们就在枣核两端；而大多数人对心理暗示的反应是适中的，是个心理暗示的"中产阶级"，居于枣核的中间。

很容易受暗示的那部分人能更轻易地把自己从严重的创伤中分离出来，人格上一人变多人，就患上多重人格障碍了。而对很不容易受到心理暗示的人来说，他们没那个"本事"，所以只能乖乖地承受应激障碍。

你问我中间那部分怎么办？我说：随便！

本来就是，不是所有受了大创伤的人都一定会患上多重人格障碍或者应激障碍。除去童年时受到伤害的人可能难以幸免以外，成年后再遇到激烈的事，成败就看你自己了。

有研究表明：只有在生物学和心理上对焦虑情感比较敏感的人，才有患上这些障碍的风险，而有些人，即使承受了最严重的精神创伤，也是不为所动的。

关于多重人格障碍其实还存在着很多争论，奉上以下几个给大家做参考。

① 尽管治疗师在从业过程中接触过许多多重人格障碍的资料，但是大部分治疗师还是很少能碰到现实案例的。

② 某种程度上，多重人格障碍的诊断和治疗具有文化界限，绝大部分的案例是在美国被观察到的。

③ 多重人格障碍存在性别偏见，因为绝大多数多重人格障碍的患者是女性，男女比例 1：9。

④ 催眠可用于治疗多重人格障碍，但同时也可引发多重人格障碍，因为来访者在治疗过程中很容易受到其他暗示，为了逃避一定痛苦而自己衍生出多个"我"。所以催眠是件危险的事，不是任何心理治疗师都可以随便做的。

最后，我要讲一讲多重人格障碍的治疗，为此我特意去重新看了一遍《致命 ID》，终于弄明白了：除了胖子、心理学专家以及那些司法人员，片子里剩下的所有人——妓女、中年夫妻俩、青年夫妻俩、小男孩、旅店老板、警察、罪犯，都是那胖子一个人的分身，所以他们都有着同一个出生日期。后来，死掉的人的尸体诡异而不留痕迹地不见了，那就是作为分身来说，它们被胖子整合了，收了。所以所有发生在旅馆内的腥风血雨，人物一个一个被干掉，其实都不是真实发生的事，而是胖子自己在大脑中整合这些多出来的人格的过程，场面实属激烈！

现实中的治疗是，治疗师通过催眠患者来引出每一个分身，进行录像和录音，然后分析这些分身出现的前因后果、来龙去脉，就像对"D 氏兄弟"的分析一样。然后再分别约出每一个分身进行谈判，制订治疗的计划，最终说服每一个分身：通过整合成为一个完整的人，你（分身）也是可以从中受益的。

就像影片结尾部分那样，心理学专家劝导胖子放弃警察的分身，警察便在随后的打斗中死去了。但是最后唯独落下那个凶残的小男孩没有被整合，这个孩子把妓女这个分身干掉后，重新用邪恶的力量占领了胖子的身体。于是在汽车内，胖子突然动手，勒死了百密一疏的心理学专家。

重口味心理室诊疗记录

网友求助

我是独生女，小时候经常被一些变态老师打，又不敢告诉父母，也和同学搞不好关系，总觉得很寂寞。我通常会幻想身体里有个男版的自己一直陪着我……大概这样子已经有九年了，每天我都会问他："你为什么还没出现啊？"然后不知道究竟是我自己还是他会回答："快了，时间快到了。"

这样子会不会有点危险啊？经常给自己这样的暗示果然是不好的吗？我知道自己想要逃避现实，总是会下意识地否定自己，这样会导致多重人格障碍吗？或是妄想症？

作者解答

这个问题我其实已经在前文中提到过了。不敢说绝对，但绝大多数情况下核心人格和其他非核心人格相互间是不可能知道彼此存在的，尤其是核心人格方面不知道其他非核心人格的存在。

在核心人格的世界里，可能会出现暂时失忆的情况，而这时其实他（她）已经变成了另外一个人。所以你的"每天我都会问他：'你为什么还没出现啊？'然后不知道究竟是我自己还是他会回答：'快了，时间快到了。'"，这样的暗示是不会导致多重人格障碍的。因为所有的这些还在你的意识控制之中，而多重人格障碍的病因是意识控制不了的部分，即潜意识出现了问题。至于妄想症，那是精神分裂部分的问题，这个在后面会提到。

曾经有个读者给我留言，说自己是多重人格障碍患者，但是正如上面所说，核心人格和其他非核心人格相互间是不可能知道彼此存在的，所以他同样不属于多重人格障碍。附在下面给你看一下吧。

"我突然有点恍然大悟的感觉，因为平时我是个会经常反省自己行为的人，平常也谨言慎行，但偶尔会突然像变了一个人似的，而且事后自己也不知道为什么会这么想、这样做，很想不通。

"先说我的主人格，是个比较随和、懦弱、胆小、容易羞愧、爱哭、爱笑、表情丰富、很有同情心的人。

"但是在特定情况下会突然变成另外一种人。

"一种情况是受到严厉的指责时。看到对方凌厉的手势加上凶恶的表情，就会突然让我从一个怯懦的人变成一个冷酷麻木冷血仇视的人。最近一次是地铁让座事件。当时我面前的一个人起身走了，我正要坐下，突然后面有人戳我，我顺着手指头看，就看见我后面有一个孕妇，我当时就很不好意思地向孕妇道歉，站起来准备让座。但我突然看到戳我的那个人的脸，她正非常严厉地瞪着我，手指还指着我，像是在指责我，我突然感觉整个人的想法就变了。我都能感觉到本来露出不好意思的表情的自己突然就拉下脸来，很冷漠地看着瞪我的人，重新坐下来，动也不动。那个人一直瞪我，我就一直木着脸坐着，面无表情。直到她下车，我才松懈下来，然后就很后悔自己为什么不让座。我发现只要被人很严厉地指责，就会突然大脑轰的一声，变得非常逆反。如果是一般性的指责，我都会立刻道歉并改正，也绝不会仇视指责我的人。

"还有一种情况就是在遇到伤害时，我会突然变得极为冲动、大胆和有攻击性。因为一般情况下我是个反应比较迟钝的人，如果伤害发生得很快，我不会有什么改变；但是如果这个伤害发生得比较慢，我能确认对方是在伤害我和他人，就会突然变得很激动很能吵架，或者随时可以扑上去打架。有一次在公交车上遇到小偷，那个小偷正在偷钱包，我看到了心一颤，立刻挪开了视线，不敢去看。但是那个小偷摸了很久，我第一次悄悄去看那个小偷时，发现那个小偷还在摸人口袋，却什么也掏不出来，这次就不那么怕看了。盯着看了一会儿，我发现那个小偷一直在摸，却好像摸不到想偷的。几个深呼吸之后我突然感觉自己变成了一个很酷的人，用非常冷静的声音对被偷的人说：'注意你的包！'然后那个小偷看我，我也很凶狠地瞪回去，还感觉全身颤抖得厉害，有种莫名其妙想抱着小偷跳车一起摔死的冲动。

"还有一次是被人推销产品，我一开始就觉得产品很假，不想买，就摆摆手笑了笑。但我朋友似乎很有兴趣，有想买的欲望，就问多少钱，那人说是一千块。我觉得这么贵，太黑了，没想到我朋友好像能接受，又继续问。我当时就一惊，心想你不会真被骗吧？她俩越聊越投机，我一直站在旁边处于惊愕状态。我大脑死机了一会儿，缓过来时，发现她俩已经在讨论买多少的问题了。然后我突然就爆发了，本来不善吵架的我突然脑筋变得很活络，噼里啪啦说了一堆产品很假的地方，然后还收不住嘴，上升到攻击推销员的外貌形象。推销员一开始很错愕，然后看我骂她，她也怒了，想打我，我也毫不犹豫地冲上去要和她对打。我朋友吓坏了，赶紧把我拉走了。

"我以前常常觉得我可能是情绪不稳定，但我看到作者说多重人格障碍的变化有触发点，我就开始怀疑自己了。我的第一种变化的触发点是视觉的冲击，就是对方非常严厉的表情和肢体动作，我会突然改变，而且处在改变的状态时我脑海里都是对方的表情。但如果是语言上的恶毒倒不会触发我，只有表情会。

"第二种改变的触发点是意识，就是好像有个声音在对我说，他正在做什么什么，这个什么什么是某项会带来伤害的事情，话语重复充满大脑，我就会突然爆发，很激动，全身颤抖，非常有攻击性。"

网友求助

我爸平时是一个温和宽容、事业有成、脾气极好、尊重家人、理性的男人，所有的亲戚朋友同事下属，全都觉得我爸是人品很好待人宽厚的人。

可是，一旦他喝酒了，哪怕就一点，他就会变身成一个易怒、小心眼、容不得半点异议、暴力倾向严重的人，曾经在大年夜拿着刀在家追杀我和妈妈。第二天，他什么都不记得了，而且不像是骗人。

请问这是什么情况，能治吗？

作者解答

仅从你三言两语的描述中是很难对病症加以判断和下结论的，还要进行系统的诊断。如果是多重人格障碍，治愈的难度是非常大的。

网友求助

为什么人格分裂后会出现新的能力，比如说会讲别的语言？

作者解答

从心理学入门，看最基础的《普通心理学》中的第一个主要概念：心理是大脑机能的体现。

　　一个人格转换到另一个人格的时候，大脑的功能发生了改变，就像换频道了一样，所以那时他们通常会讲另一种语言，但是作为核心人格常用的语言却不会了。

第二篇

恋物癖：

有多少种物体，就会有多少种特殊情结

　　以后的日子里，只要发发一摘去假发，她在丈夫眼里的吸引力就立刻变为零。没办法，深爱着对方的发发选择了屈服，整晚戴着假发，并且还要时刻关注流行趋势，因为一套假发只在两个或是三个星期内才具有魔力。颜色什么的倒无所谓，重要的是头发必须又密又长。

　　这段婚姻的结果是，此后的五年时间里，他们有了两个孩子和七十二套假发。

在我还读本科的时候，宿舍楼一层住着体育系的女生，怎么说呢，辣，实在是辣，尤其是学健美的。辣同时还体现在内衣的款式上。

问我怎么知道的，窗口那儿晾着呢，透明蕾丝吊带袜……

但是不知从哪一天开始，就听到大家议论纷纷，体育系的女生最近很火大啊，挂出去的衣物一会儿工夫就不见了，哪个挨千刀的干的？

学校寝室管理人员了解到这个情况后，就派了几名男生在附近蹲点守候。本以为是外来人员作案，没承想最后落网的是自己身边的同学——一个平时不显山不露水的男生。

搜查了他的寝室，发现一堆证物，那时大家才明白了，原来他有强烈的恋物癖！

可以这么说，有多少种物体，几乎就会有多少种恋物癖。

恋物癖患者可以在对物体迷恋的过程中达到性高潮，这些物体通常都是非生物的，其中最常见的就是女士们的内衣和鞋子。除此之外，还有一种特定的接触性刺激，比如橡胶、塑料，特别是表面胶皮制的衣物，滑滑惹人爱。

其他还有什么？相信要说到某些人的心坎上了。没错啊，就是身体（有时也被称作恋体癖），如脚、臀部或头发。只是这种迷恋不再被明确列为恋物癖的一种了，为什么呢？因为这个与正常的性唤起很难区分。比如，你说我一个大老爷们儿看到自己心爱的女人正常勃起了，我就被诊断为"癖"，不公平！

下面来讲一个受害者的经历吧。

主角叫什么好呢？就叫发发吧，发发女士。

洞房花烛夜，等了好久终于等到今天，兴奋了一天过后，发发梳洗完毕，钻进了被窝，翘首等待着她的新郎。丈夫过来后开始深情地拥抱发发，用手指抚弄着她的头发，抚啊抚啊……就，睡着了。

第二天，第三天，还是抚啊抚啊……又睡着了。

直到第四天，丈夫兴冲冲地带回来一个巨大的发套，上面有很浓密的厚厚的假发，对发发说："亲爱的，你给我戴上它！"

一时间，发发血就涌上大脑，气得火冒三丈！"好你个负心郎，我以为你是忙婚礼累的，前几夜才那样冷待我，敢情你是来和我的头发结婚的！"

兴头上的丈夫不理会这些，扳倒她就压在身下……

完事后，他又开始抚摩她的假发，深情款款。

以后的日子里，只要发发一摘去假发，她在丈夫眼里的吸引力就立刻变为零。没办法，深爱着对方的发发选择了屈服，整晚戴着假发，并且还要时刻关注流行趋势，因为一套假发只在两个或是三个星期内才具有魔力。颜色什么的倒无所谓，重要的是头发必须又密又长。

这段婚姻的结果是，此后的五年时间里，他们有了两个孩子和七十二套假发。

某男，三十三岁，因有自杀倾向被家人送入医院治疗。

医生："为什么要自杀？"

某男："你们知道些什么，谁能理解我的痛苦？

"也不知从哪天开始，我这个人整个就不对了。

"刚开始，在咖啡店或者饭店看到有女性用餐后留下的杯子，我就按捺不住自己，赶在被收拾之前，上去用嘴舔一舔；玩现实版的'尾行'，在街上尾随正在吃东西的女性，守望她们吃剩扔到地上的食物，捡起来就吃。只有这样做我才能获得快感和性满足。"

医生："就因为这个？"

某男："他娘的，能只因为这个吗？

"你们不知道，我后来升级了！血条扩了！上面说的那些都填不满我了。猜猜后来我做了些什么？我开始到女澡堂门口花钱找人帮我置货！

"什么货？就是女性洗澡时的浴水！

"后来，我谈了两个对象都吹了，因为每每一到关键时刻，你懂的，我二弟'举头'刚望了一会儿明月，就'低头'思故乡去了……"

其实恋物癖就是这样形形色色的，物不惊人死不休。曾经有报道说，有一男子的性满足主要来源于优质的汽车排气管，所以他经常站到看中的排气管的汽车后面达到高潮，这样来说，是不是就不难理解为什么有的人选择和枕头结婚了？

我曾经在天涯论坛《图文解析重口味的一千种死法》的帖子中说过慕残癖的故事。

何为慕残癖？是指被残疾异性吸引并产生性冲动和爱恋的一种健全人所具有的奇特心理。在女性中更常见，并以对聋哑或截肢的异性的爱恋为主。

我所说的故事里男主角因为这种爱好，会招专业的身有残疾的妓女上门服务。他那次等到的是一位"断臂维纳斯"，而且在做爱的过程中，妓女小姐还给了他意外的惊喜：她的一只眼睛是假的。完事后，妓女小姐把假眼球摘下来放到桌子上的杯子中泡着，然后就去洗澡了。男主角不知道这回事，感到口渴难耐就拿起杯子猛喝，结果把假眼也吞了，卡在他的气管中，最后窒息而死。

慕残癖也是恋物癖的一种。

上面说了那么多恋物癖的小故事，下面给大家介绍两个"擦边球"：腐、控。

据说蓝色是人类食物中最不受欢迎的颜色。有人说蓝莓不错哟，不是那种蓝，是板蓝板蓝的，呆板的蓝。因为它会下意识传达给人们两个信息：第一，它是苦的；第二，它是发霉的东西。

可是偏偏就有那么一群人——不知你们遇到过没有，我遇到过——他们就喜欢发霉的东西（不是恋尸癖），会把整个面包裹好后放在那里等着长毛，然后再拿出来欣赏。看的过程中会有点小受虐小快感，这也正是他们想要的。

最近还出现了一种腐，就是现在非常流行的腐女。

"腐"这个字在日文里有无可救药的意思，是一种含有自嘲意味的称谓。腐女主要是指喜欢男男爱情的女性。

哪个少女不怀春？当然，这里的"少女"并没有年龄的限定，下至十几岁上至几十岁都可以。这里更多的是指一种"少女情怀"，大家都是爱性幻想的嘛。

但是腐女是哪一种"少女"呢？她们能清楚地认识到与自己相关的性幻想是难为情和受歧视的，可是对爱情和性的渴望又是生理本能，根本抑制不住，于是在这种矛盾心理的影响下，滋生出了关于男男之间的同性恋幻想。这样既逃避了责任，又满足了对异性的心理渴求。——都是美男哟！

除此之外还有大家都熟悉的丝袜控、大叔控，但是一"控"一"癖"，一字之差，差之千里。请那些没事就高举小旗放声呐喊"我是恋物癖"的同学都给我冷静地坐下！

恋物癖患者的典型性活动是一边爱抚、亲吻和嗅闻他（她）的物恋对象，一边进行手淫，敢问你能否做到？

要说恋物癖的成因，有很多社会文化因素，比如说恋足癖。

宋元以来，男士们热爱的中心已经开始由大足转移到特殊的小脚，而到了明清时期，绝大多数中国妇女就都有了一对粽子般的三寸金莲。民国时期的小说《采菲新编》中说，小脚之美无与伦比！还把它的"魅力"细细总结成了四类：形、质、姿、神！

形：就是要纤小，要尖锐，要瘦削，要有足弓。

质：要体态轻盈，贴地无声，温软净洁，要有质感。

姿：就是要求女人弱步伶仃，细步行走，还有一种娇憨羞怯之情致。

神：是要求女子对金莲要视为神秘之物，不轻易示人，必须深掩密护，专为老公所有。

够抒情！

事实上，这些只不过是表层成因。

巴甫洛夫要出场了，学心理学的人都知道"巴甫洛夫的狗和他的经典条件作用"有多么经典。

先说什么是非条件反射。就是人与动物天生具有的，在出生后不需要学习就能够对某些固定刺激做出的反应，也称作本能！

巴甫洛夫其实一开始只是想研究消化现象，给狗测测唾液的分泌量，所以他需要用到食物来刺激：给你看块肉，馋你。大狗太渴望了，巴甫洛夫唰地就接了一茶缸唾液……

在这个反反复复的刺激过程中，巴甫洛夫不小心碰响了某个仪器的铃声，没想到后来慢慢就发现了这样一个有趣的现象：大狗后来即使在没有食物的情况下，只听铃声也能够分泌唾液（我估计它自己也挺纳闷的）。

其实就是在非条件反射（看到食物流口水）的牵线搭桥下，于铃声与狗分泌唾液的动作之间形成了一个传说中的经典的条件反射！

具体就是：

狗＋铃声………………………………不流口水

狗＋肉…………………………………流口水

狗＋肉＋铃声…………………………流口水

撤掉肉

狗＋铃声………………………………流口水

在极地馆海洋动物的表演中，大家也不难发现，每个驯养师腰间都挂有一个小桶，里面装满了鱼。海狮或者海豹表演动作间隙，他们都会及时上前喂上一口。不是为了讨好，而是对那些动物而言，表演与进食之间也形成了一个条件反射，像大狗听到铃声会流口水一样，它们吃到食物才会做动作。

巴甫洛夫指出，大多数病人的恋物癖是性兴奋与周围环境中偶然出现的某种事物相结合形成的条件反射。就像狗和铃声间形成的条件反射一样，它一听到铃声就会流口水，那么人就是一看到他（她）爱的某种事物就亢奋了。

后来呢，在反复强化作用下，这种条件反射就被固定了下来，恋物的行为就形成了。

巴甫洛夫属于行为主义学派，而弗洛伊德属于精神分析学派，还有人本主义学派，只是目前还没有提到。

行为、精神分析与人本，堪称心理学上三大主流学派，"三国鼎立"！

如果是弗洛伊德来分析，就更好解释了，还是冰山的问题。

恋物癖患者多是性格内向的人，平时在两性关系如恋爱婚姻问题上，往往扮演的是不成功的男性角色，缺少男子气概。这种失败构成了内心巨大的冲突，但冲突却没发泄好就被压抑了，进而开始变得焦虑！

人的潜意识会保护人的身体，让身体避免受苦，就是我们常说的心理防御机制。恋物癖患者就开始用别的方法发泄痛苦。转移到哪儿了呢？转移到了迷恋之物上，然后通过性满足得到安慰与释放！

怎么治疗？

这里就要提出一个国际通用的心理治疗方法——厌恶疗法。其基本做法是让患者手持性恋物，在引起性唤起、性欲勃起的时候，立即给予厌恶性的刺激：电击，用橡皮筋弹击手腕，注射催吐剂使之呕吐。

还可以让他们写下因恋物面临的紧张恐惧以及被批评、被抓住和被处分时的难堪局面，然后反复阅读。这也能形成厌恶性条件反射。

其实厌恶疗法的原理在生活中也能帮助我们正常人解决很多行为问题，比如你总爱咬指甲的话就在指甲上涂上风油精。还有方阵训练的时候，有没有注意到个别人的衣领等部位会被竖上一根根针？这样的话站姿通常都很到位。

最后说一下网上几则有代表性的恋物癖事例，让大家见识一下什么是"大千世界，无奇不有"。

一名印度女子爱上了一条眼镜蛇，并和它结婚。2006年，超过两千人观看了婚礼。女子说："尽管蛇不能说话也无法明白，但是我们有特殊的交流方式。每次当我把牛奶放到它住的洞旁，它都会跑出来喝。"当她说想和蛇结婚时，周围人都很赞同，并说这场婚礼将给该地区带来好运。他们为婚礼准备了盛大的宴席。

一名韩国男人和一个贴有动漫人物照片的大枕头相爱并结婚。这名男子爱上了日本的一种印有当红动画主人公照片的大抱枕。他的箱子里有许多动漫人物抱枕，他最终和一个抱枕在当地的牧师面前结婚，并为抱枕穿上婚纱。

艾米·沃尔夫是生活在纽约的一名自信的美国女人，被诊断患有阿斯伯格综合征。她和太空船模型、双子塔有过几段感情，但是她的最爱是宾夕法尼亚州的一个游乐园里的童话列车——1001之夜。十年中她坐了三百次，并想把自己的姓氏改成制造商的姓——韦伯。艾米甚至和列车照片一起睡觉，她说他们拥有完整的生理和精神关系，不需要去嫉妒其他坐车的人。

1979年，艾佳丽塔·柏林墙和柏林墙结婚。"柏林墙女士"七岁第一次在电视上看见柏林墙时，就爱上了它。她努力收集照片并为旅行存钱。1979年，她第六次旅行时，在几位亲友面前和柏林墙结为夫妻。尽管她仍然是处女，但她声称自己和柏林墙的生活非常美满。1989年柏林墙倒塌时，她恐慌了，再也没有回去过，并制造出了一个仿制品。

重口味心理室诊疗记录

网友求助

我今年二十八岁了，一直在咬指甲，常常不知不觉就咬上去了。

作者解答

解决这个问题的办法在文中已经讲过了，可以在指甲上涂上具有自己厌恶的味道的东西，例如清凉油。

网友求助

我是多重人格分裂的人，但不是精神分裂，用弗洛伊德的精神分析学可以比较好地解释，华生的行为主义也可以很好地理顺，其他的如认知主义一概无法做出本质的描述。

我迷恋敦实的男性的身体，迷恋丰满的女性的身体，迷恋黑色轿车的尾部，这三种东西是我强烈想推进的对象。

请分析。多谢。

作者解答

多重人格障碍患者通常意识不到自己的多重人格，所以你说你是多重人格分裂……

另外，不清楚你说的"强烈想推进的对象"中"推进"这个词的具体意思，这个不好分析。

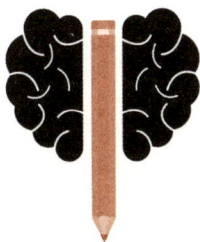

第三篇

社交恐惧：

"害羞的膀胱"

社交恐惧症会严重影响患者的工作和生活，如果不接受治疗的话，它将会成为一种慢性的、终生的疾病，几乎没有改善或者恢复的可能。

患有社交恐惧症的个体比未患该病的个体更容易患有单向情感障碍（抑郁症或者躁狂症），此外，社交恐惧症患者也容易有自杀的念头。

每个人的一生中都有过害羞的经历，还记得最近一次在什么时候吗？

先来看在一场棒球比赛中发生的事吧。

场边指导席上的安西教练神情紧张，脸上的每一块肌肉都紧紧地绷着，双眼密切注视着萨克斯——棒球全明星比赛中的守垒员——接下来的动作：萨克斯轻松地守住了一个地滚球，然后起身打算抛一个高球给离他十二米远的一垒上的队友 A。但是球在抛出去后，从距 A 头顶很高的位置呼啸而过。这是一个不可思议的错误，即使在二流棒球队的全明星赛中也是罕见的。但是此刻安西教练并不意外，他看在眼里痛在心里，因为萨克斯犯此类的错误已不是两三次了：完了，又给老子搞砸了！

镜头从赛场中切出，转向一出演唱会现场。

为了这场演唱会已经准备了许久的著名歌手卡莉·西蒙是今天的主角。

幕布拉开，一场音乐盛宴就要开始，开始，开始，开……咦，没人？

场下观众开始起哄。

此时，躲在舞台后面的卡莉正在工作人员狐疑和不解的目光中痛苦地号啕大哭。

为什么呢？卡莉原本以为自己可以做到的，但打从着手准备演唱会那一天起，她的心中就隐隐担心着一件事，并且在此刻已经变成了噩梦般的事实：她恐惧表演到无法登台！

看到这两位在众人面前的表现，你是不是觉得自己的害羞不值一提了？

训练有素的运动员不能投出好球，经验丰富的表演者害怕登上舞台，这似乎与我们通常认为的"害羞"概念不相符。那又是为什么呢？

再接着往下看。

有的女士死都不愿意自己出去逛街，因为总觉得这样好像使自己暴露在所有人的目光下，浑身不自在，焦虑不安。

有的男士在公共卫生间小便时一定要等到旁边没人，或者到一个单独的小隔间，否则便尿不出来，他们有着"害羞的膀胱"。

以上所有这些的共同之处是：这些人必须在别人的注视下完成一些事情，而且，在某种程度上还要接受别人的"评价"（男士们，你们压力真大！）。

这些人在私底下做这些事没有任何困难，只有在别人注意的时候，他们的行为才会发生障碍。

这就是传说中的社交恐惧症！

最常见的恐惧对象是在公共场所讲话，包括与他人进行简单的对话，还有害怕约会，害怕拥挤的公共休息室，甚至害怕在他人面前写字，等等。

普通群体中有高达 13.3% 的人在一生中会有某种程度的社交恐惧症，使得社交恐惧症成为一种最常见的心理障碍。它通常更眷顾那些受教育程度不高、单身和经济收入低的人，男女患该病的比例基本持平。

害羞和社交恐惧症的区别到此一目了然：你哪儿有人家那么羞涩啊！

下面开始讲案例。

某个村子里，有个男孩叫小强，他在十五岁的时候，第一次显示出了社交恐惧症的征兆：他拒绝与任何同伴接触。

小强后来花了大概七年的时间才勉强修完大学课程，主要原因是他拒绝考试，尤其是口语考试。他大学毕业并获得工程学学位，只做了六个月的工程师。辞职之后，他开始完全拒绝家庭之外的所有社会交往，因为无论是在公开场合还是私下与权威人士接触，病症都会立刻在他身上显现：脸红，颤抖，冒汗，口干，心悸……

如今已经二十八岁的小强算是彻底"落家生根"了。

从这个例子中可以看出，社交恐惧症并不像大家认为的只是人际关系问题那么简单。

社交恐惧症会严重影响患者的工作和生活，如果不接受治疗的话，它将会成为一种慢性的、终生的疾病，几乎没有改善或者恢复的可能。

患有社交恐惧症的个体比未患该病的个体更容易患有单向情感障碍（抑郁症或者躁狂症），此外，社交恐惧症患者也容易有自杀的念头。

个中厉害，真是谁患谁知道！

追寻社交恐惧症的根源，还得从漫长的人类演变源头说起……

话说，在远古时期人们靠打猎为生，在与野生动物和某些危险环境打交道的过程中，慢慢地对它们产生了恐惧。与此同时，也相应地产生了对愤怒、批评和拒绝别人的人的恐惧。

而人类的愤怒通常体现在表情上。

在生活中，人们会接触到各种不同的表情，来自迎面走来的路人，与你交谈的熟人，等等。正常人一般会容易记住赞许的表情，而社交恐惧症患者则容易记住批评的。

所以同样是到街上走了一圈，正常人不会有太大的"收获"，而社交恐惧症患者则带回了无限的来自陌生人的"批评""愤怒"等等，尽管大多是他们自认为的。

为什么人类这种害怕愤怒表情的倾向被从远古遗传下来呢？

实际上，这就是一种大自然物竞天择优胜劣汰的体现。

你想啊，看到对方不论是兽也好人也好，当他们凶相毕露时，能够害怕愤怒表情的人早就溜之大吉了，或者干脆就地装死，唯独你对这些不敏感，还傻傻地站在原地深情对望，不叉你叉谁呢？

因此，会躲避"愤怒表情"的人更可能生存下来，从而将这种基因一代一代传下去。

这样在人类所有种族中，就有了倾向于躲避那些侵略性强的和享有社会特权的群体的这种特性。

　　只是，过度躲避和敏感的下场就是可能罹患上恼人的社交恐惧症！

　　在我还住校那会儿，若是哪天在寝室中磨磨叽叽蹉跎了一日无所事事的话，便会心生悲凉，满腹怨气，抓住身旁的人吼一嗓子："我习得性无助了啊！"好为自己的虚度光阴找个开脱的理由。

　　到底什么是"习得性无助"？

　　这次得再请出那只大狗，把它关进笼子里，然后旁边有人按响蜂鸣器，接着用电击刺激它，使它痛苦，顿时它就做困兽状，上蹿下跳，屎滚尿流。

　　多次刺激后，打开笼子，再按响蜂鸣器，此时，还未等电击，大狗便开始在笼子里满地打滚，颤抖求饶，把本可以趁机逃跑的事忘得一干二净！

　　本来可以主动地逃避，却绝望地等待痛苦的来临，这就是习得性无助。

　　我本来可以好好学习好好珍惜时间，却任它们流走了，让空虚鱼肉我，这就是我的"习得性无助"。

　　回到社交恐惧症，一个人偶然一次或者几次体会到社交的创伤，但自己事后被当时产生的痛苦所困，多次强化暗示后，便有可能对以后类似的痛苦产生"习得性无助"。

　　听说过这样一个案例。

　　一个小女孩，在课堂上偶尔一次发言不顺利，可能是结巴或者停顿，遭到了身边同学们的嘲笑，这个痛苦一下子就被钉入心中，以后每每发言都和这次一样糟糕，而且愈演愈烈。

　　后来的情况是：她在课堂上不能回答任何问题，因为无法出声；出门后不能去商店买东西，因为无法与营业员交流。但是她私底下与家人朋友之间的交流却不存在这样的障碍。

　　这便是"习得性无助"导致的社交恐惧症。

　　最后一个要说原因。

　　目前虽然还没有对社交恐惧症患者进行遗传学的研究，看看到底和基因有没有关系，但是研究者们已经确定了父母的一些养育方式可能导致社交恐惧症的发生。

①过于保护孩子，对孩子缺乏信任，缺乏情感支持。

②过度关注孩子服饰是否整洁和言谈举止是否得体。

③不鼓励孩子进行社会交往，从而妨碍了他们学习社交技巧来控制自己对社交的恐惧。

关于治疗，可采用认知行为的集体治疗，就是让一群难兄难弟聚在一起，相互复述或者模拟能够引起恐惧的社交场合。例如，当一个人对在公众面前演讲极度恐惧时，大家就集体扮演他的听众，来一场模拟秀。

除此之外，还鼓励大家轮流吐露自己内心的痛苦，获得其他人共同的安慰，以达到情感上的共鸣，收获来自社会的支持。

我就看到过这样的场景：一位五十多岁的男性企业家趴在一位十几岁懵懂少年的肩头放声痛哭……

苦难拉近了人与人的距离，在它面前，人们再也没有年龄、性别、层次、贵贱限制，世界顿时大不同了！

重口味心理室诊疗记录

网友求助

唉，社交恐惧症，曾经困扰我好久啊，我觉得更严重的是我对异性的恐惧。从小学开始我和异性就只说必要的话，比如该交作业了什么的，现在好多了，可是我一个异性朋友都没有。朋友给我安排相亲，明确是以谈朋友为目的，我就能有很多话说，所以我才能顺利恋爱结婚。不知道是什么心理，我就是没办法和异性深交，只能是平时见面打个招呼，说一些客套话什么的。如果再深入，比如和朋友一起吃饭出去玩什么的，我就特别排斥，去了也不知道该说什么。如果吃饭的时候有一个异性在场，我就觉得特别紧张。不知道这是不是说明心理有问题啊？

作者解答

　　不清楚这种对异性的恐惧给你的生活造成了多大程度的影响，如果很轻微的话，那你的问题可能只是某种性格所致。如果已经严重影响了你的正常生活，建议你去专业机构做进一步的诊断。

网友求助

　　我觉得每个人或多或少都有点心理疾病，像我自己就是：离开家的时候老觉得门没锁好，老觉得没带钥匙，非要回家确认才行；到银行取钱的时候老觉得没取银行卡；出门老觉得裙子的拉链没拉上。

　　"害羞的膀胱"我也有，如果是没门的厕所，我就尿不出来。

　　伤口结痂快要好的时候，我喜欢再把它抠破，让它重新鲜血淋漓。

作者解答

　　是的，每个人都会或多或少存在一定的"心理问题"。如果情况不严重，大可不必"大惊小怪"，否则反而会使之真正成为一个问题。生活不可能完美，人的心理也是。

第四篇

没来由的怕：

稀奇古怪的特定对象恐惧

因为特定对象恐惧离大家如此之近，因此和社交恐惧一样，也是我们生活中最常见的心理障碍之一。有一点和社交恐惧不同的是，患有特定对象恐惧症的女性要多于男性；而与之相同的是，一旦患病却不治疗的话，将终生无法痊愈。

一个女孩在家中收拾衣物时突然发现一只蟑螂，她立刻唤来自己的男友，做瘫软状，梨花带雨地倒在他怀中，说："人家可吓得不行了……"

蟑螂见状得意地走了。

又一天，女孩又在家里收拾东西，恰巧又遇到这只蟑螂，但不同的是，今天男友不在。

女孩二话没说，上去一个扫堂腿把蟑螂踹飞，动作干净利落。"叫你又出来烦我！"

蟑螂在地上滚了几圈后，纳闷，坐在那儿琢磨："这姑娘原来是一多重人格障碍患者啊！"

哈哈哈，一个笑话就讲到这里了，但是应该有很多人害怕蟑螂吧？

尤其是很多女孩子，怕蟑螂怕到听到"蟑螂"这两个字都会毛骨悚然，可是你要问她为什么怕，她又说不上来。

这种没有明确理由的对特定物体（或场合）感到恐惧的病症就是特定对象恐惧症。

较为常见的有恐高症，幽闭空间恐惧症（对电梯、地铁等），对身体有损害的恐惧症（如流血、打针、治牙等），动物恐惧症（特别是对狗、蛇、老鼠和昆虫）。

除此之外还有哪些稀奇古怪的特定对象恐惧呢？

暗处恐惧（黑暗，夜晚），气流恐惧（空气流动，通风，风），穿行恐惧（穿过马路），尖锋恐惧（锋利尖锐的物体，如小刀等），灰尘恐惧（灰尘），切割恐惧（割破，抓破，划伤），男性恐惧（男人或与男人发生性关系），见人恐惧（人与人类社会），无限恐惧（无穷大），接触恐惧（身体接触，被触摸），废墟恐惧（废墟），孤独恐惧（单身，独居，独自一人）……

真是太多了，其中有你的困扰吗？

如果有，也先端着，因为并不是说你对某样事物感到恐惧就是临床意义上的恐惧症，很多人多多少少都有对这对那的害怕，只有当这种恐惧对你的生活或行为造成严重的大量客观的负面影响时，才能被判定为真正的特定对象恐惧症。

尽管恐惧症会影响患者的社会和生活功能，但也只有很少数症状非常严重的患者才来就诊，因为患者通常有办法避免恐惧，比如说：一个恐高症患者会避免进入高层建筑或者高处；一个害怕空中飞行的人就选择别的交通工具出门；还有人有极光恐惧，就是害怕看到极光，这个本来已经十分少见，干脆别去能看到极光的地方就行了。

同时，因为特定对象恐惧离大家如此之近，因此和社交恐惧一样，也是我们生活中最常见的心理障碍之一。有一点和社交恐惧不同的是，患有特定对象恐惧症的女性要多于男性；而与之相同的是，一旦患病却不治疗的话，将终生无法痊愈。

前面我们讲了精神分析学派的创始人弗洛伊德，下面就要来介绍另一个主要学派行为主义学派的创始人——华生。

华生此人仪表堂堂，所以也不难理解后来发生在他身上的作为丑闻轰动美国一时的那段婚外情。

怎么回事呢？原来在一次项目过程中，华生与他的女助手罗莎莉互生暧昧，越过了雷池。但是他的妻子和罗莎莉一样来自当时著名的政治家族，谁的力量都不容小觑。于是华生任职的大学立即抛出两个选择给他：维持婚姻或放弃事业。

华生那时的立场很明确：要美人不要江山！他选择离婚后与罗莎莉结婚，并且从此离开了心理学研究领域，转投广告业，两年后便在美国一家大广告公司任副总裁，收入远远高于他在大学时。

说了这么多，我们请出华生"现身说法"。

大家好，我是华生，虽然我并没有超越弗洛伊德，也是在受了巴甫洛夫等人的影响下才创立了"行为主义有限公司"，但是我跟你们说，一般人我还真不服！

来看看我的代表作吧。

1917年，我获得一笔一百美元的资助，进行一项焦虑引发的实验，来研究婴儿的反射和本能。我把实验对象——九个月大的男婴称作小阿尔伯特。

在进行这个实验之前，我让小阿尔伯特暴露在各种刺激中，观察他的反应。小阿尔伯特刚开始很勇猛，老鼠、兔子什么的通通不怕，但当我用一个锤子敲打钢条发出噪声时，他却显得很不安。

此后，我等待了两个月，待到小阿尔伯特长到十一个月大时，我又把他抱来了。这时，只要他和实验小白鼠一起玩耍，我就在他身后制造刚才说过的那种敲打发出的噪声。这种噪声和那只小白鼠同时出现多次后，小阿尔伯特即使不听到噪声，看到小白鼠时也会感到非常不安。

至此，就完全勾起大家的回忆了，这个和什么很像？不就是巴甫洛夫的经典条件作用嘛！

放在我这个实验中具体就是这个样子：

男婴＋小白鼠······················不害怕
男婴＋噪声························害怕
男婴＋噪声＋小白鼠··················害怕
反复作用后去掉噪声，结果：
男婴＋小白鼠······················害怕

随后小阿尔伯特的恐惧状况发生了泛化。啥叫泛化？通俗一点讲就是我们常说的"一朝被蛇咬，十年怕井绳"。小阿尔伯特看到一件带毛的衣服时，也表现出了这种恐惧。于是我推断：小阿尔伯特的这种恐惧已经延伸到其他毛皮动物和毛皮物品之上，没错吧！

但是一些批评家当时就指出，当小阿尔伯特只是对一件带毛的衣服产生恐惧，就把他的恐惧症衍生到一切毛皮物品上面，这个结论未免过宽了。对这种说法我不想解释，因为每一位先驱者都不可能做到完美，要你们这群人是干吗的呢，就是来给我进行补充和完善的。此外，还有一些人想复制或推翻我的结论，怎么样？几乎全都以失败告终。所以说嘛，一般人我还不服！

　　好了，我就说这些了，大家再见！

　　说到这儿，我想起了日本恐怖漫画大师伊藤润二的一部经典作品《漩涡》。

　　在那个故事里，男主角的爸爸不知从什么时候开始疯狂迷恋起旋涡状的图案，最后发展到无药可救无法自拔的地步：他把家里所有的东西都换成带旋涡图案的，满眼望去一阵眩晕；会一动不动盯着河里的旋涡，一盯就是一天。慢慢地身体也发生了变化，他的两只眼睛可以顺时针或者逆时针朝不同方向旋转。最后，男主角的爸爸干脆订制了一个大木盆，把自己的整个身体卷成旋涡的形状塞在里面，死去了。

　　男主角和他母亲同时发现了父亲的尸体，但是作为内心脆弱的女性，妈妈显然承受不了这个打击，随后便开始产生对一切旋涡状东西的恐惧。一些常见的自不用说，其他的：在饭汤里搅拌起的旋涡，蜗牛背上的壳……

　　对了，还有指纹，因为极度恐惧，她干脆用剪刀把自己指肚上的皮肤一块一块地剪掉。看到这种情况，男主角觉得必须把她送入医院治疗了。

　　但是在医院中还是存在很多旋涡状的图案会刺激到母亲的神经，让她再次癫狂，比如说点滴瓶中液体下降时产生的旋涡、女护士盘成的旋涡状的发髻等等，还好这一切都及时被男主角控制住了。但该来的总是要来，母亲在出院前的最后一次会诊时，无意中发现医生办公室墙上耳部解剖图中耳蜗的形状就是一个旋涡！于是，几天后一个绝望的夜晚，被恐惧折磨得痛苦不堪的母亲，用一把长剪刀从自己的耳朵中穿了进去……

　　这部作品对男主角母亲的刻画就来源于现实生活中对特定对象的恐惧，可怕吧？

　　华生这个实验最大的意义，就是证明了可以从经典条件作用的角度来解释恐惧症！

　　只是，小阿尔伯特本人为这个实验做出了巨大的牺牲，也引发了后来很多人的争议：是否该用人来做类似的实验？

　　借着华生这个实验，我们来介绍一下特定对象恐惧症的成因。

　　很久以来，大家一直认为绝大多数的恐惧症是由非同寻常的创伤性事件引起的。例如，你过去被狗咬过，你就会患上对狗的恐惧症。但我们现在已经知道，情况并不总是这样。创伤性事件是引起恐惧症的一个原因，但并不是全部。

　　还有两个原因：替代经历和被告知经历。

　　替代经历：

　　一个小男孩因为牙疼去看牙科。在治疗室外长椅上等待的时候，听到了屋里传出来的嗡嗡的电钻声和患者撕心裂肺的号叫，小男孩怀疑自己不是在医院，而是来到了阿鼻地狱，顿时吓得魂飞魄散，好不容易拖着绵软的双腿爬出了医院，就此害怕治牙。

　　这个就是我们通过替代方式得到的恐惧。看到别人受伤或是感到强烈的恐惧，都足以让旁观者产生恐惧心理。因为情绪是很容易传染的，你旁边的人高兴时，你也会开心；身旁的人要是感到害怕，你就会产生恐惧心理。

　　被告知经历：

　　有的时候，再三被警告有潜在的危险，也会使一些人产生恐惧。比如，一名有严重恐蛇症的妇女，她一生中从来没有遇到过真蛇，但在她成长的过程中，被反复强调草丛中的蛇是危险的，所以为了提防蛇，人们提醒她穿上长筒靴，结果就是她在街道上行走的时候也穿着长筒靴。这种恐惧的获得就是被告知的。

　　综上所述，条件反射能形成恐惧，但条件反射如我们所知，需要在多次强化作用的基础上才能建立。那么如果只面对一次恐惧的刺激而再无其他的话，建立条件反射所需要的多次刺激又从何谈起呢？

所以，只有害怕的经历本身这一因素是不会产生恐惧的（如治牙、蛇）。

那是什么导致了恐惧的产生？就是对还要面对一次这种恐怖事情的"担忧"！比如说，害怕以后再去治牙，或者害怕再遇到蛇。也正是这种"担忧"，可作为条件反射形成中所需要的反复刺激，最后促成了恐惧的条件反射的形成。

同时，人类都有趋利避害的本能，就是哪个对我不利我就远离哪个，所以就会出现人们对他们所恐惧的事情（或者事情可能发生的场合）表现出尽量的回避。

特定对象恐惧由此诞生！

关于其他学派的成因解释，就不在这里赘述了。

其实心理学中的一些名词都蛮有意思的，比如说"习得性无助"，就是习惯性地感到无助。下面要讲到的关于特定对象恐惧症的治疗方法——系统脱敏疗法，听起来也很有意思，就是让人不再过敏了。

说，实施系统脱敏疗法总共分几步？三步！

第一步：学会放松技巧。

这个是要教给患者的。让他们靠在沙发上，全身各部位处于舒适状态，双臂自然下垂或搁置在沙发扶手上，同时让他们想象自己正处于令人轻松的情境中，例如，静坐在湖边或者漫步在一片美丽的田野上，使他们达到一种安静平和的状态。

然后治疗师用轻柔且愉快平稳的声调引导患者依次练习放松前臂、头面部、颈、肩、背、胸、腹及下肢，重点强调面部肌肉的放松。

每日一次，每次二十至三十分钟，一般六至八次即可学会。要求患者在家中反复练习，直至能在实际生活中运用自如。

第二步：构建恐惧等级。

这一步很关键，就是让患者自己把引起他们恐惧的事件或情境按严重程度排一个顺序，从最小恐惧到最大恐惧，让患者给每个恐惧程度定一个分数，比如最小的是零分，最大的是一百分。这样就构成了一个恐惧等级表：零分代表完全无恙，一百分代表高度恐惧。

然后把其中恐惧的程度依次划分层次。这里就要讲求各级差间的均匀，就跟楼梯一样，台阶之间的距离是相等的。

正因为这是需要患者自己制订的，所以在制订过程中就要求他们闭上眼睛想象各种能让自己产生恐惧的画面，要具体清晰，并且能置身其中引起情绪的变化。当然，如果有实际的刺激物，就不用靠想象了。

第三步：系统脱敏。

治疗开始启动了！

首先让患者想象最低等级的刺激事件（有实物的用实物）或情境，当他们感受到焦虑恐惧时，令其停止想象，并全身放松。

每一次过程结束后，治疗师都要询问患者的感受，如果还是觉得不适，就需要再来一遍。反复次数不限，直到患者不再感到紧张恐惧为止，此时为一级脱敏。

接着让患者想象高一等级的刺激事件或情境……以此类推，方法照旧。

就好比一个人在爬楼梯，每上一级台阶都是征服了一层困难。如果没有能力爬上高一级的台阶，那就停留在原地，征服眼前你所在的位置，摆平它后再前行，直到最后登顶，也就是患者痊愈！

说完方法，我们就要用一用。

大家爱吃海带吗？

海带是种碱性食物，不仅能提高机体的免疫力，有抗癌作用，还因其含碘量很高，能作为食疗来治疗和缓解女性乳腺囊肿。这里就给大家讲一个海带的故事。

月黑杀人夜，风高放火天。那一夜，一伙二十岁出头的赤膊男子，神情肃杀地密守在一处狭小阴暗的藏身之地，用一件传说中的禁器炼制着一种来自海中的奇物……

其实就是大晚上的几个男大学生光着膀子在寝室里用电锅煮海带。

事情也就发生在此时，男主角简称为带哥吧。没错，锅是他的，海带是他的，带头的也是他。但是谁能料到呢，煮到关键时刻，突然间，全楼断电了。是不是因为他超负荷用电的关系，这个不得而知，但做贼的就心虚，当其他寝室的人纷纷出来打听什么情况的时候，带哥这边慌作一团：这要被抓到，我非得背个处分！于是他赶紧跑到窗前，打开窗户散去香味，接着收拾餐具，最后打算好不容易煮的，吃它两口再说，一转眼，发现电锅内空无一物。抬头再瞅其他几个人，都在一脸满足状地咂巴嘴。

有人看后搭腔了："报告带哥，哥儿几个做事你绝对放心，赃物全销了，汤都没剩！"一听到这个，带哥是万千思绪涌上心头，内心痛惜不已：罢了罢了，只要不被抓住，什么都好。而此时，门外的喧嚣也平静下来，看来学校方面并没有什么动静，这一次算是平安无事了。

记吃不记打啊，没过多久，对海带情有独钟的带哥又组织了一次海带宴。你猜怎么着？无巧不成书啊，又断电了。只是这一次学校立刻出动了缴锅小分队，全楼大盘查。但你也别担心，带哥的室友们可是身怀两门绝技：一个是风卷，另一个是残云。这次怎么样？仍然是一滴汤都没剩！当然带哥又是悲催地什么都没捞着。

一连两场海带风波过后，带哥是彻底被伤了，他开始出现难以名状的对海带的无比恐惧：不能听到海带，听到后浑身发抖；不能看到海带，看到后口吐白沫；不能闻到海带，闻到后魂飞魄散；更不能吃海带，否则整个人就变得像海带一样，深绿深绿……

带哥患上了特定对象恐惧中的"海带恐惧症"，最后严重到不得不停止所有课程，终日龟缩在寝室里，直到面临休学的窘境时才选择前来就医。

那我们就用系统脱敏疗法试着让带哥重获新生吧。

第一步：

带哥你放松去吧。

第二步：

带哥给出了他构建的恐惧等级，大家来看：

① 吃海带（一百分）

② 闻海带（八十分）

③ 看到海带（六十分）

④ 听到海带（四十分）

⑤ 想到海带（二十分）

第三步：

治疗从想海带开始，循序渐进。

如上面所划分的，先迈上第一个台阶：想海带。

带哥一想到海带，就变得很不适，恐惧，出汗，身体微微发抖，等等。当这些症状出现一段时间后，让其停止想象，放松。彻底放松后，再重来一遍"想海带"，反复，直到带哥表示在想海带这个问题上已经能扛住，就可以迈上第二个台阶了：听海带。

以此类推，会有反复或者倒退，那都没有关系。因为在心理咨询中有一种说法，叫作当你绝望到无可复加的地步时，恰恰是转机就要到来之际！

重口味心理室诊疗记录

网友求助

话说我一直很好奇恐惧症的形成源头，我对扁平物体有恐惧症，是在高中时发现的，之前一直没感觉。最早的记忆就是高中去海洋公园，结果在那种大扁鱼面前吓得起了一身鸡皮疙瘩，还尖叫，之后就再也不敢看任何蠕动的扁平物体，不管是现实生活中的还是电视动画片里的。

我母亲说她看过一个讲述受精卵十个月如何形成胎儿的纪录片，给我形容了一下眼睛长出来的情景，我听到那种形容都忍受不了，全身起鸡皮疙瘩。

一直想找出自己恐惧扁平物体的源头在哪里，但是始终无解啊。

作者解答

你对扁平物体的恐惧有可能是你幼年的时候种下的，只是深藏在潜意识里，不记得了而已，机缘巧合之中，就有可能从潜意识里提取出来。

网友求助

请问巨大物体恐惧症和深海恐惧症有什么心理发展轨迹吗？昨天看到一个不知是挪威还是芬兰的蓝鲸保护联名网站，一打开那个网页，差点没吓死我。一只1：1比例的蓝鲸出现在屏幕上，问题是屏幕太小，1：1的比例，显示屏只能显示出它的一只10厘米×10厘米的眼睛来，那空洞无神的黑色眼睛，配上深蓝色的海底波纹和海底的音效，我离着电脑两米远，还是觉得脊背发凉，头皮发麻。这个网站的设计者口味太重啊。

但是有些人看了这个网页就没有任何感觉，那有巨大物体恐惧症和深海恐惧症的人，是出于一种什么心理原因呢？

作者解答

原因是多方面的。我在上面说过条件反射可以用来解释恐惧症的成因，一个物体一定是跟自己本能恐惧的事物挂上了钩，才会造成恐惧。

就拿深海恐惧来说，深海就像是一个幽暗密闭的空间，患者在看到深海的图片时，不停地想象自己被困其中，此时就可能造成深海恐惧的发生。同理，巨大的物体本身对人就会造成一种压迫感和威胁感，这就不难理解巨大物体恐惧的发生了。

第五篇

关于焦虑：

沙盘里的内心世界

"人生苦短"，你可以把它理解成人生是又痛苦又短暂的，但只要你愿意，你还可以把它理解成人生的痛苦是短暂的！

就业、教育、医疗是三大民生问题，我从中拿出了"就业"。

"焦虑"是精神分析学派核心人物弗洛伊德的研究重点之一。把这两样重量级的东西放到一起，就是我毕业论文的研究内容：就业焦虑！

但是，如果单纯这样的话，那就没意思了。于是我引入了一种很富有新意的精神分析技术，使其参与到这个话题的讨论中，那就是——箱庭疗法。

箱庭疗法是什么东西？就是沙盘游戏。沙盘游戏是什么东西？就是……

好吧，带着这个问题，作者和一位疑惑哥走进了箱庭治疗室。

推开门，首先映入眼帘的是这两个东西：

疑惑哥："这是什么玩意？"

作者："这就是沙盘游戏中的沙盘啊。"

疑惑哥："哦，就是盛沙的盘子。"

作者："也不是，你没有看出它更像一个箱子底吗？就是箱庭疗法中的'箱'字。"

疑惑哥："那'庭'字的意思呢？"

作者："你现在身处何处？"

疑惑哥："箱庭室啊。"

作者："那就对了啊，你现在正处于一间屋子之内，这个屋子就是箱庭疗法中的'庭'字。"

疑惑哥："哦，是这样啊。你这箱子里为什么装了些沙子呢？"

作者："这你就不懂了吧？沙盘游戏，能没有沙子吗？但是为什么用沙子而不用泥巴或者水，这里可有个说道。因为沙子不是固体也不是液体，不是海洋也不是陆地，它是介于固体与液体、海洋与陆地之间的一种物质，因此深层心理学认为，沙子可以沟通人的意识与潜意识世界。"

疑惑哥："这么厉害？"

作者："你以为呢？"

疑惑哥："好吧，但我发现箱子的内侧都涂成了蓝色，这是为什么呢？"

作者："不得不说，你观察得还真细致。之所以要涂成蓝色，是为了让人在挖沙子的时候找到挖出'水'的感觉。你可以上去挖一下试试，会发现箱子整个内部都是蓝色的。"

疑惑哥："为什么要找到'水'的感觉？"

作者："那是因为我们都知道，生命离不开水，水是生命之源。水是物质的，也是精神的。水是静止的，也是流动的。因此这种找到水的感觉在治疗中就显得非常重要。此外，蓝色本身就能使人产生遐想，让烦躁的心得到平静，疲惫的心灵得到休憩。"

疑惑哥："好像还真是这么回事！现在沙子有了，盘子也有了，那么你说的游戏在哪儿呢？"

作者："这位仁兄你给我抬头看。"

疑惑哥举目四望。

疑惑哥："哈哈哈，这么多玩具啊，太好玩了。我明白了，就是把这些玩具摆到沙子里，根据我摆出来的场景分析我的心理状况对不对？"

作者："其实也不能说是分析你的心理状况，具体的是……喂，喂，你干吗呢？"

疑惑哥："哎呀，我太亢奋了，看到它们就仿佛回到了小时候，我先摆一个玩会儿啊，你一边待着去！"

作者：……

若干个小时后……

疑惑哥："喂，我已经完成了，你来看看怎么样？"

作者："呃，你说说你摆了些什么吧！"

疑惑哥："呵呵，这是迪斯尼乐园一次盛大的游行。车子开道，接下来是马车，然后有唐老鸭、米老鼠、叮当猫、小新，各种经典的卡通形象，还有圣诞花车系列，这是一场热闹的庆典。

"我现在有个疑惑，你是怎样通过这些玩具做心理分析的？"

作者："其实每件玩具都有它的象征意义，看你这幅作品中人物还真不少，那就先从人物说起吧。人物中的宗教人物，上帝、释迦牟尼、观音菩萨等等，象征的是一种神秘和超自然的力量。要是在你的作品中出现这类人物，可以理解为你可能正处于一种关键时期，渴望获得超自然的力量，以得到精神寄托。

"人物讲完了，讲个动物，来个熊吧。熊是笨拙的动物，却有着强大的力量。在西方，熊在许多地区与战神、斗士有一定的联系；在东方，熊也是阳刚和力量的象征。尤其在我们古代，睡梦中出现熊则预示着家中要添男丁。如果你在箱庭作品中摆放了熊，并把它当成自己的替身，通常可以理解为你本身是笨拙、强大和有力量的，但同时也可能说明你在人际交往中孤独的心境。

"动物讲完了，那就来个植物吧——柳树。'碧玉妆成一树高，万条垂下绿丝绦。不知细叶谁裁出，二月春风似剪刀。'这首贺知章的诗充分描绘出了柳树婀娜多姿、妩媚无比的样子，因此柳树是女性的象征。在箱庭作品中出现了柳树，可能就代表了箱庭制作者女性特质的一面，同时柳树也代表了离别。

"植物讲完了，来个交通工具吧——火车。火车力大无比，是当前运输力量最大的工具，它的运行必须遵循着固定轨道，火车出发和到达的时间总是固定的，因此火车象征着巨大的外在力量援助和机遇。箱庭作品中出现了火车，要看它的具体摆放位置，比如，火车驶入隧道，可能象征着箱庭制作者回归母体的愿望。"

疑惑哥："你说了这么多玩具的象征意义，我想知道这些玩具的象征意义都是哪儿来的？"

作者："哪儿来的？你听没听说过'原型'这个概念？

"这么说吧，我们身处的世界是一个物质世界。但在此之外，还存在着另外一个世界——观念世界。物质世界有最基础的组成，分子、原子什么的；观念世界也有它最基础的组成，那就是原型。打个比方，世间有许多类别的事物，当你判断它们是否美丽时，心中必然已有了一个美的原型，以这个美的原型做标准你才能做出判断。这个美的原型就是你观念世界中那个绝对的美。

"当然这种绝对只是针对你自己而言的，就像弱水三千你只取一瓢，不同的人可能会取不同的一瓢。"

疑惑哥："原来是这样啊，你可不可以再具体深入地介绍介绍原型？"

作者："一提原型我就不得不提荣格，因为是他用原型表示了集体潜意识的内容。什么是集体潜意识？这个问题后面再说，我还是先来说说荣格的前世今生好了。

"荣格以前也是精神分析学派之人，弗洛伊德很赏识他，还让他在他们共同创立的国际精神分析学会担任第一届主席。只是好景不长，没过多久荣格和弗洛伊德在观点上发生了分歧，所谓道不同不相为谋，荣格一气之下拂袖而去，离开精神分析学派，自立门户创建了分析心理学，缺了'精神'二字，以表荣格不和弗洛伊德一般见识的决心。只是他的很多理论还是在弗洛伊德理论的基础之上扩展而成的。说到这儿，咱们下面就有请荣格闪亮登场，为我们讲讲他的'原型说'！"

这时箱庭治疗室的门开了，一位老者踏云翩翩而来。我定睛一看：弗洛伊德?!

弗洛伊德："好久不见，我可想死你们了！"

作者："你怎么来了，荣格呢？"

弗洛伊德："哼，那小子现在可不得了啊！你也知道他的很多理论都是在我的理论基础上进行扩充的，那我这个原版的还没讲，他就先来了？刚才在门口看见他了，叫我一屁股给挤一边去了，我先上！"

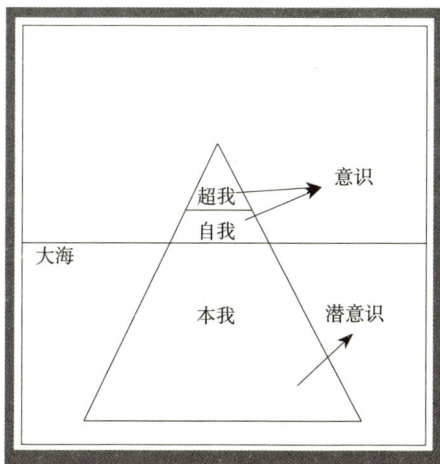

　　"看上面这个小黑板。

　　"这是什么？这就是'本我''自我''超我'的三我人格结构理论，荣格那小子的原型说就是以我这个为基础的，哼！

　　"先说'本我'。大家看'本我'在图中所处的位置就能清楚，'本我'是最原始的与生俱来的潜意识的部分。'本我'蕴藏着人性中最接近兽性的一些本能冲动。它就像一口本能和欲望沸腾的大锅，具有强大的非理性的心理能量。

　　"'本我'遵循的是快乐原则，一味追求满足，对其他不管不顾。就像婴儿饿了要吃奶，决不考虑母亲有没有困难。"

　　"接着说'自我'。从图中位置可以看出，'自我'不再是潜意识的东西，它已跨入了意识的行列。'自我'是什么？'自我'已脱离了人的兽性，上升到了一个新的高度，它代表的是理性与机智。'自我'是经外部世界影响而形成的，不是天生而来的。打个比方来说，'本我'是匹马，那'自我'就是骑手。人前行的动力是马（'本我'），但骑手（'自我'）能给马指出方向。'自我'驾驭'本我'，当然马也有不听话的时候，说明'本我'的力量还是巨大的。因此可以看出'自我'正处于'本我'和'超我'之间，是它们两个之间的过滤器，同时'自我'奉行的是现实的原则。

　　"最后来说'超我'。

　　"看到'超我'的位置，大家一目了然，'超我'是人格结构中的最高层次，是由社会规范、伦理道德、价值观念等演化而生的。都说人是社会动物，那么它的形成，就是这个人被社会化的结果。'超我'遵循的原则是道德原则。

　　"'超我'本身的作用就是三个：

　　"第一，打压'本我'造成的冲动。比如说，此时你正在走路，突然间感到肚子疼，要拉稀，如果按照'本我'中原始兽性寻找快乐的原则，你此时会立马脱下裤子就地解决了，就像野生动物一样。当然，对纯兽性来说，裤子也不用穿了。

　　"第二，对'自我'进行监督。比如说，在一次公司会议讨论的过程中，有位同事的观点和你相左，甚至对方的言辞已经激怒了你，此时你心里恨不得抄起手边的水杯把对方的脸给砸个平平坦坦，但是'超我'这时就起了作用，它告诉你无论从道德角度还是从为人修养的角度，你都是不应该这么做的。

　　"第三，追求完善的境界。'超越梦想一起飞'，就是这个意思了。

　　"看到这儿，你们认为这个观点怎么样？我是这样认为的，如果它们三个之间能保持平衡，就会使人正常地生活；如果它们三个失调了，或者被破坏了，就会导致一系列的心理疾病……"

　　突然，荣格破门而入。

　　荣格："大家好，我是荣格，刚才作者正要请我讲'原型说'的时候，让弗洛伊德抢了先，现在我开始讲我的东西了，大家先鼓掌！

　　"是这样的，人的一生中有多少典型的情境其实就有多少原型，但是主要的原型只有以下四种：

　　"第一种，人格面具。面具都是戴在外边做伪装用的，因此人格面具就指人格最外层的那种掩盖真我的假象。因为它总是按着别人的期望行事，因此它同拥有它的人的真正人格并不一致。"

　　作者（悄悄地说）："这和弗洛伊德的'超我'其实挺像的，都是按照外界的意愿行事，隐藏了自己本身真实的想法。"

荣格："你别插话！"

作者："哦哦。"

荣格："继续讲第二种，阿尼玛。阿尼玛不是阿诗玛，它是指男人身上具有的女性特质，是男性中的阴性原型。当阿尼玛高度聚集时，便可使这个男人变得容易激动、忧郁、嫉妒、虚荣，就是我们常形容的：你怎么跟个老娘儿们似的？在男女或者夫妻吵架的时候这个原型会尤为突出。

"第三种，阿尼姆斯，是指女人身上具有的男性特质，是女性中的阳性原型。当阿尼姆斯高度聚集时，会使女人富有进攻性，追求权力，并引起内心的冲突。

"在我看来，阿尼玛和阿尼姆斯两种原型，从生理遗传的角度讲，是受染色体和性腺决定的；从心理遗传的角度讲，是在男女两性互相交往碰撞中产生的。因为如果男女双方没有一些异性特质的话，男女就不可能了解对方了。那样的话就真的是男人来自火星，女人来自金星了。

"当然在当今时代，和女性生活，男性就更阴性化；和男性生活，女性就更阳性化。"

作者（悄悄地说）："不是有教育家建议向幼儿园和中小学增派男性教师吗？就是因为孩子在成长过程中身边除了父亲，几乎都是女性，导致男孩越来越女性化，没有担当，胆小柔弱，长大后也外强中干。"

荣格："第四种，阴影，又可以称为'阴暗自我'，指人格最内层，最具有兽性的低级的种族遗传，包括一切不道德的欲望、情绪和行为。"

作者（悄悄地说）："大家眼熟不，这是不是和弗洛伊德的'本我'很像？除了荣格上面提到的四种原型外，他认为还存在着出生原型、再生原型、死亡原型、力量原型、上帝原型、魔鬼原型等等。"

荣格："我知道你这爱插话的毛病是改不了了，不过这部分呢我也讲完了，今天真是叫你和弗洛伊德气得够呛啊！我先歇会儿去了。"

作者："咦，疑惑哥人呢？"

疑惑哥："在呢在呢，听得太入迷了。"

作者："你先给两位大爷沏壶茶啊，顺便准备下一个问题。"

疑惑哥："茶已经沏好了，我刚才的问题是玩具的象征意义都是哪儿来的，荣格已经用原型给我解释了。那么下一个问题就是，为什么这些玩具的象征意义放在我们每个人身上都适用？因为你说这是种疗法，那么它的适众面肯定是很广的对不对？"

作者："就等你问这个问题了。这可以用我前面提到的集体潜意识来解释，再请荣格给我们介绍一下吧。"

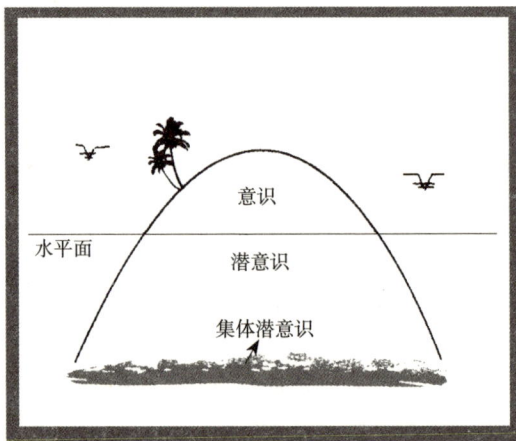

荣格："集体潜意识跟弗洛伊德的个体潜意识有很大区别，看上面的图。

"弗洛伊德的个体潜意识是冰山，而我的集体潜意识是一座小岛，鸟语花香的小岛。

"小岛露出水面的部分是意识，水下的部分是潜意识，但是我这里的水面是会发生潮汐运动的，就是说个体潜意识的部分会露出来变成个体意识，当然这就跟弗洛伊德冰山中把门的小人有异曲同工之处了；而岛的最底层属于广大基地海床的部分，就是集体潜意识！

"就此它与个体潜意识的区别就很明显了：

"首先，它不是个体后天习得的，而是由种族先天遗传的，是在生物进化和文化历史发展过程中获得的心理上的沉淀物，是祖先祖祖辈辈的活动方式和经验在人脑中留下的遗传痕迹。

"其次，它不是被意识遗忘的部分，它是个体始终意识不到的东西！"

作者："这样说集体潜意识，大家可能还觉得空泛，我还是举个例子吧，比如说地域文化就是一种集体潜意识，其中包含了方言和饮食文化等。

"提到饮食文化，就少不了传统的八大菜系了，有鲁菜、川菜、粤菜、闽菜、江苏菜、浙江菜、湘菜和徽菜。由于我是东北人，那就再提一个，辽菜。辽菜中有小鸡炖蘑菇、猪肉炖粉条……（咽下口水）

"为什么同一个地区的人会讲同一种方言，同一个地方的人爱好同种口味的饮食？这就是我们所共有的集体潜意识的作用。而游戏的适用范围就宽得多了，因为我们每一个人在童年时都参与和体验过。"

疑惑哥："说了那么多，现在我还想知道，凭什么说箱庭疗法就能够治愈患者的心理疾病？"

作者："我们每一个人的身体都有自我治愈创伤的能力；同样，我们每一个人的心灵深处，也有自我治愈心灵创伤的力量。箱庭疗法就在集体潜意识和原型理论的作用下成了沟通意识和无意识的一座桥梁，使患者的无意识意识化，实现个体与其心灵的'对话'，达到自我心理治愈这种心理治疗中最高的境界。"

疑惑哥："你能通过我所用的玩具来了解我的想法，那我想问，这些玩具在沙盘中的摆放位置也能让你获得我的心理信息吗？"

作者："那当然了。其实玩具本身的象征意义也是不固定的，还要看摆放者自己的具体解释，比如他把一条龙当成一条项链，那这条龙在他那幅作品中就只能当项链来看。

"说到不同的摆放位置，那就复杂得多了。同样一件玩具在不同摆放位置的寓意也是不同的，就算在同一位置，如果他整幅作品表现的内容不同，那寓意也是不同的。而且看一幅箱庭作品还要考虑到它的整体性、流动性、统和性，甚至是时间性，等等，太多了。

"在这里就简单给你介绍几点关于空间位置的说法好了。

"一般来说，箱子的左侧可以看成人的内在世界、无意识世界，右侧可以看成外在世界、意识世界。整个箱庭作品朝左侧发展即意味着退行，朝向右侧发展则意味着进行。箱庭上部是精神世界的象征，也是父性的象征；箱庭下部是物质世界的象征，也是母性的象征。"

疑惑哥："这些表现也有什么原理存在吗？"

弗洛伊德和荣格齐声："当然有了，在这点上我俩观点还是相同的，那就是投射理论！啥叫投射呢？投射是心理防御机制的一种，是消除焦虑的主要手段，具体是指人们把自己不能容忍的冲动和欲望转移到他人身上，或者以其他形式表现出来，借此消除内心的痛苦。"

作者："那么在摆放玩具的过程中，患者就把内心潜意识的痛苦通过作品表现了出来，不仅让苦闷得到发泄，还能让治疗师通过作品内容来了解患者真实的病因所在！"

弗洛伊德和荣格："说得好！不过，今天也不早了，我们想说的也差不多了，现在是不是该回去了？"

作者："两位慢走啊！"

疑惑哥："再见了大师们！"

弗洛伊德和荣格："大家再见！"

疑惑哥："他俩都走了，现在是不是可以给我分析分析那幅箱庭作品了啊？"

作者（斜了一眼）："呃，你说你这表现的是一个游行场面是不？"

疑惑哥："嗯，是的。"

作者："整个场面的布局都挺和谐，也很丰满，看得出你最近精神状态是不错的，心情也轻松，是不是发生了什么让你开心的事？"

疑惑哥："对啊，我最近刚顺利搞定了公司的一个项目，现在无压力一身轻。"

作者："但我还是发现一点问题，你这队伍的游行方向是从右上到左下的，表明你心理力量有变衰弱的趋势，我估计你的轻松里还是有隐忧的。"

疑惑哥："嗯……确实是，现在这份工作压力太大，永远都有解决不完的问题，轻松也只是暂时的，我开始想要不要换份工作了。"

作者："你看看，真让我说着了！"

好了，关于箱庭的部分我已经讲得差不多了，下面该来看看它在解决就业焦虑中的应用了。我把论文中研究的一位叫保保的患者的案例按照箱庭治疗过程中的创伤、转化、治愈三个时期，分别从中抽调一幅作品放在这里为大家做呈现与讲解。

保保，男，二十二岁，某大学大四学生。

保保的自述：

"毕业前三个月，我开始着手投简历找工作，原以为读的大学不错，学的还是令人羡慕的国际贸易专业，多次拿到奖学金，英语也过了六级，找份满意的工作应该不会太难。

"可是一个月过去了，简历投出二十多份，有回音的只有三份。第一个面试没做好充分准备，结果在面试现场发挥不好。第二个面试的前一天晚上上网找了很多资料，把面试应该注意的事项和可能要回答的问题都考虑了一遍。当天面试时心里还是很紧张，会时不时想起第一次面试的情景，以致说话发抖，面部肌肉非常紧张，表现极差。第三次面试的企业自己并不满意，但现场自我介绍和回答问题时头脑一片空白，手心冒汗，心跳加速，面红耳赤，说话语无伦次，口吃，发挥极差。心想别人都能在面试中发挥自如，自己为什么一次比一次差，真担心自己永远都找不到工作了。

"我家里经济条件也不是很好，学费都是借来的，花了那么多钱上大学，现在却找不到工作，怎么对得起父母？心情非常烦躁，焦虑，看不进书，吃不下饭，睡不着觉，做任何事情都觉得没劲，想到工作的事就心烦，自责，担心，这种情况持续了两个月。"

保保箱庭作品呈现。

创伤时期。

主题：争夺黑鹰。

保保自我陈述：

"黑鹰不是鹰，是直升机的一种。我这幅箱庭作品讲的是一次黑鹰直升机的坠落。直升机是我方的，它在一场由利益纷争引起的战争中不幸被击落。战争的背景因为存在国际集团纷争等因素，十分复杂，在这儿我就不多说了。它坠毁的地方在一片杂乱的楼群中，大概是非洲贫民聚集区常见的那种建筑，因此我方和敌方想快速到达坠落地点都是不容易的。飞机上有重要的物资——其实飞机本身就是一种资产。不清楚里面的人是否还活着，我们以救人为主要目的，但资源的夺取同样重要。因此，我在箱庭的中心位置摆放了失事的直升机，它被杂乱的楼宇围困着。箱庭的左边是我方派出的执行该任务的部队，在箱庭的右边，对方采取行动也同样迅速，我们都在争分夺秒地赶进。时值黄昏，天色渐晚，能见度越来越低，因此拯救行动也越来越困难。结局没有想过，应该是成功的吧。"

作者对该作品的分析：

飞机往来于天地之间，因而象征着箱庭制作者与天地或者父母之间关系的平衡情况。而飞机失事通常隐含着对自己的否定，愿望实现的破灭。可以看出保保在就业过程中理想与现实的落差，内心受挫的状态以及他与父母之间存在的矛盾。

武器是冲突矛盾的象征，也是自我保护、防御的象征。保保在作品中所运用的轻重型武器反映出其内心世界因就业焦虑引发的冲突，以及对因面试引起的社交扩张的抵抗心理。

保保的这幅作品表现的是两支部队的交锋与对峙，也正好说明保保内心正面临着一种艰难的抉择、一次重大的挑战和一场激烈的斗争。对资源的抢夺，说明保保渴望通过得到外界的帮助，让自己达到理想的水平。

　　飞机坠毁的位置在箱庭中央并被杂乱无章的房屋包围，可以感受到保保的孤独、封闭与混乱。我方与敌方分处箱庭左右，显现出保保正为来自未来的将要面对的问题困惑，但同时也能看出他试图摆脱这种困顿的局面，勇敢面对未来的一种心理趋势。

　　该箱庭作品的原型来自美国大片《黑鹰坠落》，事后我看了一遍，就更能深刻体会保保的痛苦心境了。

　　转化时期的箱庭作品中通常会出现几种象征性的事物，如：蝴蝶、青蛙、蝉和蛇。我想这些都很好理。蝴蝶常被用来形容人"破茧成蝶"；青蛙也有类似的生命转化的过程，从蝌蚪转化成水陆两栖的青蛙；蛇是因为有一个蜕皮的过程而呈现出了转化的意义；蝉的虫蛹在地下生活几年乃至十几年才会破土而出，等待蝉变，生出飞翔的翅膀，因此常被誉为"羽化成仙"，除此之外，蝉蜕还可以做药材。

　　下面来看看保保的转化时期。
　　主题：角蛙的世界

保保的自我陈述：
"在这幅作品中我表现了角蛙的生存环境。角蛙是一种常见的可以家庭

饲养的非常可爱的宠物。在箱庭的左上角我放的是角蛙的小房子，它可以在里面睡觉或者躲避阳光什么的，小房子下面被我铺上了能令角蛙感到非常舒适的青苔。在小房子的右边，是一些角蛙的卵。这在现实的饲养中应该是没有的，这是我想象的。卵的右边就是我们可爱的小角蛙了，也是我自己的象征。由于角蛙适宜在潮湿的地方生存，因此我挖了一个浅浅的小水坑。角蛙下方的那些虫子是食物，看起来它是个有充足食物的不愁吃不愁喝的家伙。箱庭的下方分别是烤灯和加湿器，以维持角蛙生存所需要的温度和湿度。这就是角蛙的世界。我想它是无比快乐和自在的，它满足于这一切就像很多人满足于自己目前幸福的生活。"

作者对这幅箱庭作品的分析：

青蛙是母亲、多产的象征，是春雨和再生的先行官，因此象征着繁育和再生。保保的这幅箱庭作品以角蛙为主题，具有巨大的转化意义。

保保在这幅作品中直接或间接表现了水的主题，而水通常象征着新生、活力、精力旺盛。因此可以看出，保保在经历了现实的就业挫折和内心的挣扎焦虑后，内心的能量渐渐获得重生，渐渐能够平静理智地看待现实中的不顺，并有勇气面对它们。

而箱庭中所表现的角蛙所拥有的充足的食物，可能说明保保对自身努力结果充满了期待，对现实中的种种矛盾是做了充足的对抗准备的。

在这幅作品中，还出现了角蛙这一明确的替代自我像，并承认箱庭左上角的房子是自己的家，说明保保开始愿意了解和面对自己的内心世界。

烤灯等的出现也是保保自身心理力量逐渐强大的表现。并且，烤灯与加湿器等位于箱庭下方位置和角蛙位于箱庭右上方的位置也可以说明保保在现实生活中渐渐充满力量，并渴望精神世界的超脱，这与保保目前想要摆脱就业困境的想法相符。

但这只角蛙被豢养在笼子里并且以水围困，说明保保还是没有达到完全的自我释放，内心仍然不够强大，不足以解决目前所有的问题。

总的来说这幅箱庭作品的转化意义远远大于创伤，已经可以看出保保积极的内心愿望与努力。

治愈时期。

以下这幅图是保保在治疗过程中的最后一幅作品。

主题：苦与乐。

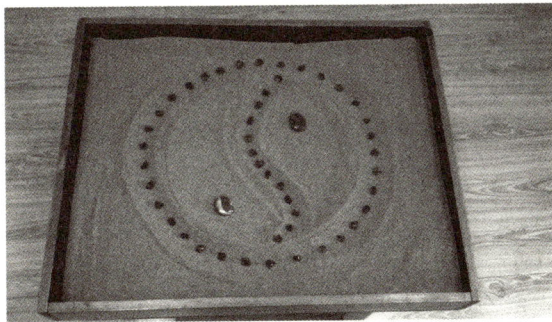

完成后，保保没有对它做任何解释，只是微笑着看我。

疑惑哥："这是什么意思？他为什么不说说？"

作者："意思自在其中，以你的高见你认为会是什么呢？"

疑惑哥："主题是'苦与乐'，我感觉他通过自己的经历，可能悟出了一个道理，人生来就是要受苦的！"

作者："哎呀，非也非也，我要否定你这个想法。我说人生来不是'受苦'，而是'享苦'的，你信不？"

疑惑哥："享苦？怎么解释？只听说过'享乐'。"

作者："你看保保最后摆的是什么？"

疑惑哥："一幅八卦图。"

作者："八卦八卦，一黑一白，黑白相间，相互依托。你可以把它们看成生与死、成与败、悲与喜等等。正所谓没有黑就没有白，没有白也没有黑。这个道理用在苦与乐上就是，不受苦，你哪会把乐当回事；不受苦，你的人生也许就会因为它的缺失变得空白；不受苦，你怎么才能得到只有苦难过后方能收获的东西呢？"

疑惑哥："嗯。"

作者："你泡过脚吗？"

疑惑哥："怎么说到这儿了？当然泡过。"

作者："水热的时候你什么感觉？"

疑惑哥："烫得疼。"

作者："没错，泡脚时因为水烫，会疼得你双拳紧握，面红耳赤，咬牙切齿，悲痛欲绝。可是泡完了以后你有什么感觉？"

疑惑哥："爽，舒服，解乏。"

作者："没错吧，比泡之前还要舒服。'享苦'也是这个道理，经历痛苦的时候你恨，你怨，你愤，你悲，你寻死觅活歇斯底里，但你却忽略了，此时的你正是在泡人生的脚。

"经历过这些苦后，不管你回过头去还是继续向前看，生活对你而言都不再像从前那么寡淡了，你会学到很多，明白很多。于你自己而言，经过这种历练后，也许才能真正顿悟生命的意义何在。"

疑惑哥："那种经历十分不幸的人该如何看待'享苦'呢？"

作者："很简单，经历十分不幸就好比是在泡脚水中添加了很多浴盐，泡的时候感受会更强烈，那泡过之后当然也收获更多！"

疑惑哥："那你说水太热都烫脱皮了怎么办？"

作者："别跟我这儿抬杠啊，自残问题不在我们这个话题的讨论范围。"

疑惑哥："哈哈哈！"

作者："达摩祖师六世传人六祖慧能这样说过，'佛法在世间，不离世间觉。离世觅菩提，恰如求兔角'。先说什么是菩提，菩提就是觉醒、开悟的状态，与它对立的境界就是烦恼，是种迷惑、愚昧的状态。这句话的意思就是，菩提就在世间一切事物之中，离开世间事物而去寻找独立的菩提，无异于寻找兔子头上的角，它哪儿长角啊，因此是纯粹白费功夫的。

"正所谓没有烦恼就没有菩提。简单一句话就道明了苦与乐的辩证关系，'向死而生'也是这个道理。

"一念迷时，菩提即烦恼；一念悟时，烦恼即菩提。有一句话怎么说的，'人生苦短'，你可以把它理解成人生是又痛苦又短暂的，但只要你愿意，你还可以把它理解成人生的痛苦是短暂的！"

疑惑哥："你都是从哪儿学的这些啊？"

作者："以上出自我本人的'泡脚哲学'和慧能大师的《坛经》。"

疑惑哥："你已了然得道。"

作者："阿弥陀佛，本人现已两脚离地。

"呵呵，不开玩笑，我想保保最后定是悟出了这个道理才能做到对自己的治愈并坦然面对今后所有的挫折。所以最后我想说，人生的路啊，莫惶恐，尽管前行！"

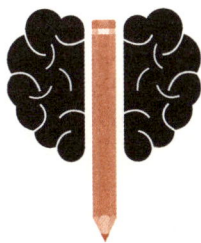

第六篇

广场恐惧：

迈不出去的腿

　　我一出门，心就突突跳得厉害，胸口像被大石压住似的喘不上气来，全身也像针扎一样，挠心抓肝刺痛得不行，大股虚汗顺着后脊梁就淌了下来。真的，我觉得快要不行了。

一天，我受一位女性朋友的托请，去登门探访她朋友的母亲，搞清楚这位大娘奇怪的行径。按照地址找到了楼下，按下门铃直接上楼，发现这位朋友的朋友，也就是将要拜访之人的女儿此时早已等候在门口多时了。

顺着一道狭小的门廊，我走进了这户人家的卧室之中，一位老妇此时正端坐于床上。

作者："大娘，您好吗？"

大娘："你能来我太高兴了。你可知道，你是一个多月来我见到的第一个活人，除了我姑娘外。"

作者："……"

大娘："她们没跟你说？"

作者："没有呢。"

大娘："唉……"

作者："怎么了大娘？您这些日子都没出门吗？"

大娘："不是这些日子，是老早以前。你猜我到底多久没出过门了？（说完她用手比画出个2）我直接告诉你吧，二十年！"

作者："二十年？怎么可能?!"

大娘沉默不语。

作者："大娘您真的是二十年都没踏出这房子半步啊？"

大娘："不仅是这个房子，其实我将近十五年都没有自己去开过门，快十年没有到过这屋里的厨房和阳台，我能活动的地方也就是这间卧室外加客厅的一小部分。"

作者："那您哪儿也不去，您的生活怎么办啊？吃的问题怎么解决？"

大娘："我姑娘给送，她每个星期都来，带吃的，带日用品。"

作者："您平时都干些什么呢？"

大娘："就是看个电视，听个收音机。"

作者："大娘我服您！人家都说用出世的心态入世，您是用入世的心态出世了，现在整个与世隔绝啊。"

大娘："不用你说，这些我自己心里都清楚，但时间久了也习惯了。"

作者："您为什么不出门呢？"

大娘："我觉得我是被人下了降头。"

作者："说得挺瘆人。咱们这儿叫扎小人吧？"

大娘："一样。我一出门，心就突突跳得厉害，胸口像被大石压住似的喘不上气来，全身也像针扎一样，挠心抓肝刺痛得不行，大股虚汗顺着后脊梁就淌了下来。真的，我觉得快要不行了。"

作者："这么严重？您现在到家里的厨房和阳台也是这感觉了？"

大娘："跟在外面是一样的。"

作者："大娘，您真觉得您是被下了降头才这样？您没觉得是种病？"

大娘："你别跟我提这个，我烦。"

作者："大娘，您没想过去治治吗？"

大娘："我不治！我治这个干什么?！我没病，我只要这样待着就好好的，那就这么待着吧。这辈子算这么过去了，半拉身子都已经在土中的人，不想那么多了，用不上……"

至此，我想可以对朋友做交代了：大娘古怪的行为是因为她患上了一种恐惧障碍——广场恐惧症。

何为广场恐惧症？不只是害怕广场或者害怕到空旷的地方去那么简单。

广场恐惧症患者会害怕离开自己的家以及周围的环境，一旦离开，就可能导致惊恐的发作，也就是大娘所说的中"降头"：心悸，心跳过速，胸闷，窒息感或眩晕感，皮肤麻木或针刺感，盗汗，发抖震颤，害怕死去或者疯掉。于是他们便会避免一个人待在空旷的空间或公开场合。一旦到了这种场合不能立即离开或顺利找到出口，便可能惊恐发作被困死在那里，就好比你只身掉进了一个大鱼缸却得不到任何援助。

能够让患者惊恐发作的场合还包括：汽车中、火车中、地铁中、宽阔的街道、隧道、餐馆、商场、电影院等等。一些情景其实也包括其中，比如有的人害怕自己一个人在家，害怕排队等候，害怕拥挤的人群，害怕远足，害怕驾车，等等。

广场恐惧症的患者中有 75% 都是女性，为什么呢？这里有一种来自文化因素的解释：在传统文化里，人们更能接受女人表示自己胆子小，不敢去某些地方；而男人则被认为要更坚强，更勇敢，会尽力克服困难。所以很多时候，男士们尽管心中颤抖不已，表面上也要死死扛住。

实际上对恐怖场景回避得越多，广场恐惧症就越严重，所以女性病人的比例要高得多。那是不是说男人们这种硬着头皮也要上的做法能帮助他们忍受这种恐惧呢？答案显然是否定的。

对男人而言，这种恐惧也是无法承受的，但是他们往往会以一种男性常用的方式来应对：大量饮酒！问题是他们中的一些人会因此开始依赖酒精，一步步走向严重成瘾的深渊，因此男性广场恐惧症患者的最终结局可能要比女性惨得多，因为酒精滥用造成的危害要比举步维艰严重得多。

因为大娘拒绝治疗，我的探访也就到此终止了。从大娘那里出来，我突然想起当天还有一位预约患者小倩，于是急三火四赶回学校心理咨询室。

一进门就看到一位姑娘等候在那里：一米六八左右的身高，二十七八岁的样子，戴着个眼镜，身材有一些瘦弱。目光和我交流很稳定，但却是职业性的，表情木然，情感显得很淡漠。

作者："请坐，呵呵，上次电话里忘问了，你是做什么的啊？"

小倩："我现在在一家大型的金融机构中担任证券和债券的交易员。"

作者："好工作！"

小倩："看上去不错，实际是非常累非常忙的，有时需要加班到很晚。我没有男朋友，就是因为我把青春都献给工作了。"

作者："青春无悔啊。"

小倩："是的，虽然付出的代价大一点，但也是有收获的，公司最近打算付学费让我去读 MBA（工商管理硕士）。可就在这当口，我的问题开始变得严重起来了。"

作者："哦？说说你的问题吧。"

小倩："我去医院看了几次心脏内科的专家，还做了心电图，他们都没发现问题，告诉我问题是出在心理上。"

作者："什么情况？你心脏不好？"

小倩："是的，我就是觉得自己经常出现像心脏病发作了一样的症状，心跳得过快，感到头晕，胸疼，喘不上气来。有时真觉得自己要死了，世界末日就要到了。"

这不就是惊恐发作的症状嘛，我心想。

作者："心脏不好，医生却告诉你没事？"

小倩："是的，后来我又看了几位医生，他们有人给我开了一些阿普唑仑（一种抗焦虑药物）。这个药还是有效果的，真能麻醉人，我吃了后就变成了一具行尸走肉，心脏问题也没有了。但是你知道，工作的时候我是不能服药的，可一停药，心脏问题就又出现了……"

说到这儿，小倩来就诊的基本原因以及她本人的基本信息就大致明了了。我还想了解更多，于是便发起了新一轮的谈话。

作者："你的父母都还好吧？他们是做什么的啊？"

小倩："我妈就是个家庭主妇，我爸爸开着一家汽车修理店。但是，爸爸现在已经不在了。爸爸在我大学毕业后不久就去世了，他死于心脏问题，充血性心力衰竭。我希望这种病是没有家族遗传的，要不然我心脏难受起来的时候会觉得更可怕。"

作者："这样啊……爸爸不在了，你们家的生活状况还好吧？"

小倩："爸爸是走了，但是他生前买过很多保险，留给我们不少保险金。后来我和妈妈又把他的店给盘出去了，生活算是有了保障，而且我现在的收入也能养家。"

作者："你是独生女吧？"

小倩："是，又不是。"

作者："……"

小倩："这件事我很少跟外人提起，其实我还有一个弟弟。"

难道说是……

小倩："我没人格分裂啊，我真的有一个弟弟。但是他出生的时候就有先天的心脏缺陷，身体非常虚弱。我们为他做了很大努力，可是他在三岁的时候还是走了，这件事直到现在在我们的心里都是一个巨大的阴影。我本来不想说这些的。"

小倩的神情这时开始变得很黯淡，于是我选择转移话题。

作者："你母亲身体现在怎么样？"

小倩："妈妈还好，到了这个年龄身体上多多少少都会有些问题，腰疼腿疼什么的，有时会心慌，除此之外就没有其他问题了。"

说到这儿，她低头沉默了一会儿。

小倩："其实爸爸也是，我小的时候他从来没生过病，他到了五十岁的时候一下子就完了！突然所有问题都出现了！他得了癌症，然后是肺气肿，接着就是心力衰竭了。他总说是吸烟导致了他那样，这是我戒烟的原因之一。我奶奶死于乳腺癌，爷爷死于结肠癌，我的前景是多么悲观啊，我的遗传基因已经够坏的了。

"爸爸得病后情况变得很糟糕，我总是为他担心，害怕他会早早死去，当然这最后还是发生了。他的生活很苦，失去了唯一的儿子，又突然得病，生活真是太不公平了……呜呜呜……"

小倩放声大哭起来。

不知道你们面对一个如此哭泣的人心中会有什么样的感受，一般来说，有些心理治疗师看到患者哭泣会感到害怕，因为这意味着场面的失控。其实，如果有人在你面前哭，就应该让他哭下去，不要去阻止，也不要干扰，通常他们哭过之后都会感到轻松许多，因为一场大哭能带走流泪者体内40%的痛苦。

当我抽出一张面纸准备递给她的时候，小倩猛地站起来，向门口走去。

小倩："我在这儿待不下去了，我需要一点新鲜空气，如果可以的话我下个星期再来。"

说完，她的身影干净利落地消失在我的视野里。

显然这个话题并没有被我转折好，把姑娘转折跑了，但是我却获得了更多来自她家庭的信息。哭过的小倩应该也会收获一份久违的轻松，所以我坚信她还会回来的。

一个星期过后，她果然回来了。而这次，我打算聊聊别的。

小倩："很抱歉上回的事，你触到了我的痛点，我那时觉得四周的墙好像都挤了过来，自己像被人掐住了脖子，所以我……但是现在我的状态调整过来了，开始今天的谈话吧。"

作者："我想让你回忆一下，第一次病症发作是在什么时候？"

小倩："我弟弟死了以后我就开始那样了，但不像现在这样严重。要说真正成为问题还是去年的一天，一位同事约我出去，由于回来晚了错过了一位重要的客户，当时我的老板知道后面色铁青，狠狠地骂了我，我害怕了，于是就发作了。

"我感到头晕得快要休克过去了，就跑进了卫生间。同事们也看见了，也跟着我进了卫生间，把一块凉毛巾敷在我头上，后来又把我送到了医院。医生得出的结论和以前一样，说我什么问题都没有，就是该找一位心理医生看看。"

作者："于是你就来这儿了吗？"

小倩："没有，我那时还是没太当回事。后来慢慢严重到需要我妈妈送我到车上，接我上下班的程度。我开始避开人多的地方，像电影院、商场、餐厅等公共场合。如果迫不得已要到这样的地方，我也会提前检查那里所有的出口，我必须知道怎样才能迅速离开。有时我会想，如果发生意外的话谁跟着我逃生真算他幸运了，因为我门儿清，呵呵。"

作者："呵呵，你现在能一个人待在我这里也挺不容易的。"

小倩："才没有！我妈妈就坐在外面的车里，她一直都陪着我。我现在也不能自己开车，如果开车的时候犯病了是会害死自己和别人的。"

作者："现在你还上班吗？"

小倩："我已经停止工作很长时间了，虽然我很害怕一直请病假他们会开除我，但是我实在回不去，因为我的惊恐发作在工作的时候最严重，我不能一次一次地抽风，否则大家会怎么看我？"

作者："看你现在的样子很瘦弱啊。"

小倩："这段日子我瘦了十八斤！还真不用减肥了。现在是更没有男人愿意接近我了，我连出个门都困难，这给妈妈也造成很大负担，所以我更觉得痛苦。我也想过用其他方法来应对，你能猜出来是什么吗？"

作者："喝酒吗？"

小倩："不错，我确实试过喝酒，喝醉后能够有一些帮助，但第二天醒来病症还会继续发作，我会觉得自己更像个废物。我还试过服药——康泰克，它让我昏昏欲睡，逃避现实。但是吃多了导致我便秘，还排尿困难。于是我终于想出了一个好的解决方法，那就是，去死。"

她此时目光坚决，仿佛在盯着什么东西看。

说到这儿，我必须停顿一下，有些患者有自杀的想法和倾向，但很少有人会真正付诸行动。不管怎么样，只要听到他们提到自杀，都需要加以重视，来确定这是不是一个真正的危险。因为对症状得不到缓解或者长期痛苦的患者来说，自杀的行为并不少见。

我打算进一步探明虚实。

作者："你打算怎么做呢？"

小倩："我决定，当我完全不能工作，不能约会或者不能开车时，就结束自己的生命。我无法再忍受痛苦，因为这个痛苦现在也在伤害我妈妈。生活没有意义，活着没有意义，而且太费劲。我恨我的生活和我自己。我是一个软弱的人，在一个愚蠢的问题面前让步，这是不是很糟糕？"

作者："你什么时候有这种想法的？有什么行动计划吗？"

小倩："大约四个月前，我买了一瓶安眠药。我只要躺在房间里，放上一首悲伤的曲子，然后吞下所有的药，就可以永远睡着了。我打算在我妈妈外出购物的时候做这些，这样她回来时，一切都结束了。我还会留下一封遗书，交代后事。"

显然，今天还能活着坐在我面前的小倩后来是改变了主意的，我需要知道她改变主意的原因。

作者："你后来又放弃了，为什么？"

小倩："只因为我的父母！我父亲牺牲了一切来养育我，不是为了看到我因为这点问题就没出息到自杀。我的妈妈，如果看到我自杀了，会受到多大的伤害啊，她也会自杀的。早早地就失去了一个孩子，失去丈夫，最后所有人都离她而去了……没有人能够承受这些的，没有人！我永远不能离开我的母亲，我绝不能自私到这种地步！"

听到小倩的这种想法，我也基本上算放下心来。至此，我也可以对她的病症做一个基本但明确的诊断了：和先前的大娘一样，她也是严重的广场恐惧症患者。

先说精神分析学派的观点。

在前面故事中弗洛伊德提到了"本我——自我——超我"三个"我"的人格结构。

他强调了，人格中的这三个"我"彼此之间要能和平共处，互相制衡，那么这个人才能安然无恙。一旦三个"我"打了起来，或者它们都被别人打了，那这个人可能就不淡定了，会出现一系列的心理问题。

大家都清楚，"本我"这家伙平时脾气就不怎么好，因为它代表了原始的兽性，有一定的危险性和威胁性，是个不讲道理的主儿。而广场恐惧症中产生的焦虑却能激活和强大"本我"的力量。于是平时忍气吞声受制于"超我"的"本我"，现在想要揭竿而起了，灭了它！

"超我"天生就有一种优越感，因为是由道德与规矩演化而成的，它把自己当成了正义的化身！现在下面要反，该怎么办？必须立马采取行动，派兵镇压"本我"这小贼！

于是，在"超我"的感召下，"自我"也开始意识到了"本我"复苏可能造成的严重后果，秉着以大局为重的观点，"自我"启动了个体的防御机制，即个体将尽最大努力躲避他所恐惧的事物或情境。我把能引起焦虑的东西都给你撤了，没了焦虑做能量，看"本我"你还哪儿来的劲折腾？

于是广场恐惧症中对事物和情境的逃避行为就产生了。

谈到惊恐发作的问题，弗洛伊德认为，正是由于"本我"一次次地试图冒犯和取代"超我"的至高地位，才使患者心理受到很大压力，惊恐发作，场面一度失控。还好，每每这时"自我"就会出面斡旋，抵挡和击退"本我"的进攻，才使得惊恐发作减轻直至消失。

精神分析学派的一家之言已经讲完了，下面来说说行为主义学派的观点。

行为主义学派的人说了，我们不像精神分析学派扯这个"我"那个"我"的，整得那么深奥。我们还是老一套，就来条件反射！

他们认为广场恐惧症中的恐惧和焦虑都是通过条件反射获得的。比如，你以前是不害怕蜘蛛或者蟑螂的，但是它们与某件让你感到厌恶的事联系起来了，那么在这种联系进一步加深后，你也会对蜘蛛或者蟑螂产生恐惧。如：小男孩本来不害怕大蜘蛛，但是大蜘蛛咬了他，并且还在他身上织网（电影里有的），那么这个小男孩可能就会患上蜘蛛恐惧症。又如：一个成年人以前不害怕苹果，可是有一次他吃苹果时弄断了一颗牙，那么苹果以后很可能会成为这个人恐惧的事物。

废话不多说了，上"害怕"四部曲。

害怕见牙医：

人＋见牙医……………………………………不害怕

人＋治牙好疼啊………………………………害怕

人＋治牙好疼啊＋见牙医……………………害怕

人＋见牙医……………………………………害怕

广场恐惧症也是，当你某次身体不适或受到某种刺激时和某幅场景联系到一起了，于是：

人＋在广场中……………………………………不害怕

人＋被硬物击伤头部……………………………害怕

人＋在广场中＋被硬物击伤头部………………害怕

人＋在广场中……………………………………害怕

说完了精神分析和行为主义学派，认知主义也过来凑热闹。认知主义认为，错误的思维方式也可以导致广场恐惧症的发生，之所以会患广场恐惧症都是因为患者想跑偏了！

拿小倩来说，她认为同事看到自己发病会认为她是神经病，所以不去工作；她把爸爸与弟弟正常的旦夕祸福、生老病死看成命运对自己的不公，把自己当成一个受害者，因此内心愤恨忧伤又脆弱。

还有一些人，是因为对某个恐惧本身有误会才会导致自己患上恐惧障碍的。比如，孕妇害怕羊水诊断是因她们会觉得诊断中用到的针那么长，该有多疼啊，而事实上，很多孕妇在检查完后表示，并不像想象中的那么痛苦。

来自三个学派的观点都说完了，在这一部分的最后，我还想向大家透露一个秘密：小倩的母亲后来给我打过电话，她承认了，其实自己年轻时也有过和女儿一样的症状，会惊恐发作。但是后来遇到小倩爸爸，在他的精心照顾下，这些症状就再没发生过。就是最近几年，小倩爸爸去世后，她偶尔会觉得心慌、发闷（这和前边询问小倩她母亲身体状况时，她回答的内容基本一致）。

由此说来，广场恐惧症的成因除了心理因素外，还存在一些生物学遗传的因素。

都说直面恐惧与痛苦才是战胜它们最好的办法，这在心理治疗中也是有根据的。下面我就给大家介绍一个对治疗恐惧症非常有效的新的疗法——暴露疗法，也称满灌疗法，又称泛滥疗法。

大家听听这名字，就能想象出这种疗法的手段有多强硬！如果说系统脱敏疗法是慢慢悠悠循序渐进的治疗，暴露疗法就正好与之相反，它不需要进行任何放松训练，而是一下子给患者呈现最强烈最大量的恐怖刺激，以达到以毒攻毒的效果！

接下来我们就用暴露疗法对小倩的广场恐惧症进行治疗。

首先，为了能让小倩姑娘习惯和适应这种恐慌的感觉，我们可以在室内模拟出"微小"的惊恐发作。

套路如下：

要想找到找不着北和头晕的感觉：放松，将头从一侧甩到另一侧三十秒。

要想找到头重脚轻或大脑充血的感觉：将头低到双腿之间三十秒，然后很快地抬起来。

要想找到闷得要命或窒息的感觉：用一根很细的吸管呼吸一分钟，其间捏住鼻子，不要让任何气流由鼻子通过。

要想找到肌肉紧张虚弱和抽搐颤抖的感觉：绷紧全身一分钟或尽量更长时间，绷紧手臂、腿、腹背、肩、脸等所有部位，保持俯卧撑姿势一分钟。

要想找到虚幻、气短、刺痛、冷或热、头晕眼花的感觉：深呼吸一分钟，是那种用很大力气的深而快的呼吸。

待到这一过程完成得差不多，小倩姑娘已被折腾得七荤八素时，就是时候让她直面内心的恐惧了。当然这里的前提还是要让她明白治疗过程中带来的焦虑是无害的，只管坚持住就好了。不允许当逃兵，上也得上，不上也得上！否则半路折回后病情可能会变得比以前更加严重。暴露疗法是种有风险的疗法，不是对每个人都适用，有的人会经不住考验当场背过气去，不过经过之前的系统考察，小倩姑娘应该扛得住。

现在就开始对小倩的"蹂躏之旅"吧：

你可不可以独自在一个拥挤的超市里购物三十分钟呢？去吧，坚持住！

你可不可以独自离家走出五站路的距离呢？去吧，坚持住！

你可不可以在上下班高峰时期一个人驾车在路上行驶超过八公里呢？去吧，坚持住！

你可不可以一个人坐在一家餐厅的正中央享用你的晚餐呢？去吧，坚持住！

…………

在凶猛的暴露疗法的基础上，我们也同时加以温柔的合理情绪疗法来做辅助，主要是纠正小倩的错误观念：

① 惊恐发作时我完全晕菜了。——现在我知道了惊恐发作是什么，它代表了什么，以及怎样应对。

② 每件事情我都要做到最好，我不能让别人觉得我是神经病。——我知道自己并没有发疯，也知道自己再也不需要完美了，对母亲对工作或者对任何人说"不"都是可以的！

③ 父亲与弟弟的去世是我一生悲惨命运的真实写照。——月有阴晴圆缺，人有悲欢离合，逝者长已矣，生者如斯夫……

就这样，经过七个月的漫长治疗后，小倩的生活重新步入正轨。

至此，我想说的关于广场恐惧症的全部内容也就说完了。

与之相关的，再来讲一下幽闭空间恐惧症和密集事物恐惧症吧。

幽闭空间恐惧症，其实跟广场恐惧症有诸多相似之处，也是一种场所恐惧，多发于电梯、车厢、隧道或机舱内。有段时间热播的韩剧《秘密花园》中玄彬饰演的男主角就有这个问题，他害怕坐电梯。

我手头有同样的案例，说有一位叫盒子的小姐，家住在十楼，但是她每天宁愿辛苦地爬楼梯也不愿意坐电梯。因为只要电梯一启动，她就有一种极速坠下的恐惧感，严重的时候会窒息。

为什么会这样呢？

其实盒子不是从小就害怕坐电梯，大概在两年前，她有一次在电影里看到一幕电梯坠落的镜头，当时电梯内的乘客都死得很惨，一下子就把她吓住了。看完电影没多久，有一天晚上，盒子坐电梯下楼，没想到眼前突然一黑，电梯居然真的出故障了。因为是在深夜，这栋大厦人很少，电梯里面只有她一个人，盒子崩溃了，痛哭流涕拼命捶打着电梯门，希望有人能够来救她，可是这个愿望直到第二天早上才得以实现。大厦的保安发现了这个情况，她总算死里逃生。从那时起，盒子就再也不敢坐电梯了。

这跟《秘密花园》里男主角不敢坐电梯的原因差不多，他也是因为一次发生火灾时被困在电梯里才这样的。

再来看一下密集事物恐惧症。

有人会害怕看到密密麻麻排在一起的图案和小东西，看到后就头皮发麻，浑身难受，还有点头晕和恶心。比如说莲蓬乳、空手指、蝉虫狗、琵琶蟾蜍……

呵呵，密集恐惧症几乎人人都有，只不过是程度不同而已。我再给你讲一个例子，男主角名叫石榴，石榴小弟。石榴是非常严重的密集事物恐惧症患者，因为他看到这种东西后会惊恐发作，这样就影响了他的正常生活。他曾经跟我回忆过第一次对密集事物产生恐惧的情景：

"那时我很小，只有五六岁。一天我陪妈妈去医院看病，她让我在那里等着，自己先去挂号了。我一个人怎么待得住，便开始到处跑，跑到不知哪个诊室我就进去了，看见里面椅子上坐着两个人，其中一个人正用手去揭另一个人后背上的纱布。这时我就好奇地凑过去，探头一看，当时我就吓傻了啊。因为纱布揭开后，那个人的后背上暴露出一群密密麻麻像红豆一样的小血疱，个个都饱满透亮，通过他呼吸的起伏，我甚至能看到每个水疱里的液体都在不停地上下翻滚……这时我再抬头看那个人的表情，一脸的痛苦啊，我就觉得这些东西更加恐怖了，从此以后我看那些密密麻麻的东西整个人就会疯掉。"

密集事物恐惧其实是由一种心理暗示导致的。

当时对方脸上痛苦的表情告诉石榴，这些水疱对身体是有害的，是会带来疼痛的，因此他就把密集事物与痛苦有害联系到了一起，以后他再看到它们时下意识地就会感到害怕。同样，对那些虫卵、疱疹、皮肤坑洞、群居昆虫等等的恐惧，也都是在我们祖先千百年来与之打交道的过程中沉淀下来的。我们看到它们会感到恐惧，是因为在潜意识里我们认为它们是有害的，会伤害到自己。

该如何克服呢？

方法一：拆分法。

集体的力量是强大的，这句话真没错。密集事物之所以能给你造成巨大的压力就是因为它们数量多。拿莲蓬乳来说，网上进行过图像处理的莲蓬乳照片在现实中是有原型的。盾波蝇是一种多见于非洲地区的食肉蝇，们把卵产在了妇女的乳房里，那些卵会通过啃食人体组织慢慢长大，体格足够大的时候就能浮出"乳面"，不够大的就潜伏在里面继续吃。有的家伙一半身子在里一半身子在外，有的只露个头，有的太胖了直接就掉在地上，这样乳房表面就形成一个一个坑洞，成了莲蓬乳。

使用拆分法，就是将它们一一独立化。你可以想象自己用小夹子把里面的肥蛆一个一个依次夹出来，一个也别漏掉。然后用牙膏补满余下的空洞，用力抹压按平，风干后用手摸一摸，称心如意地光滑了。

方法二：无视法。

那些经过艺术夸张的密集事物在生活中其实并不常见，不去刻意地看就可以了。

方法三：暴露法。

就是暴露疗法，长时间大范围地接触密集事物，可以使人在心理受到极大冲击后慢慢产生视觉疲劳直至麻木，就像学法医学的人靠多接触尸体来消除对尸体的恐惧一样。

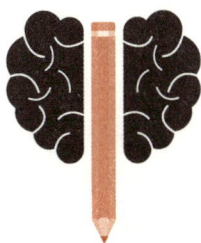

第七篇

神经性贪食：

饕餮

　　神经性贪食症也和时令季节的转换有一定关系，像我们冬天会养冬膘一样，冬季的暴食和催吐行为发生率相比其他季节要高得多。

　　和很多心理疾病一样，神经性贪食症一旦发生，不及时治疗就会转化成慢性的。有些慢性的神经性贪食症的患者在十年之后仍然被病痛折磨不休。

色欲、饕餮、贪婪、懒惰、愤怒、嫉妒、傲慢，这是但丁在《神曲》里根据恶行的严重程度排列出的"七宗罪"。

其中，"饕餮"是我们中国人的说法，是传说中的一种贪食的恶兽，《山海经》中的介绍是：羊一样的身子，眼睛位于腋下，老虎般的牙齿，人的手，有一个大头和一张大嘴；最大的特点就是贪吃，见到什么吃什么，由于吃得太多，最后被撑死。因此我们用饕餮形容暴食。

我们这里介绍的神经性贪食症，是否就像它字面的意思——贪食一样，是指吃个不停呢？

带着这个疑惑，先给大家讲一个名人故事，说出来名字吓你一跳——戴安娜王妃。

生如夏花，逝如冬雪。戴安娜王妃原本过着表面看上去如童话故事般美丽的幸福生活，但是我们现在知道了，其实私底下，戴安娜多年来一直在与神经性贪食症和抑郁症做着艰难的抗争，尤其是在和王储查尔斯王子结婚之后。

那场盛大婚礼世人瞩目，事实上，查尔斯王子最先约会的对象是戴安娜的大姐莎拉，当时莎拉正忙着与神经性贪食症搏斗而无暇他顾，就把自己的妹妹，当时只有十六岁的戴安娜转介给了王子。

戴安娜在与查尔斯初期的交往中感到无比兴奋，因为除了王子本身，她还受到了来自周围其他人的关注。她感到受宠若惊，很快便坠入爱河，尽管有很多人相信查尔斯可能从来就没有爱过她，只是迫于身份的压力，不得不结婚，生下皇位继承人。于是在戴安娜十九岁的时候，查尔斯求婚了。

　　慢慢地她意识到，先前那些美妙的关注成了压力的源泉。在婚礼举行之前的一段时间内，面对来自公众、媒体和皇室的压力，戴安娜感到无所适从，孤独，经常哭泣。也就是从这时开始，她在进食之后将食物从自己的体内清除出去，通常是采用呕吐的方式。那时她的腰围从二十九英寸[1]下降到了二十三英寸。

　　童话般的幸福幻想很快就被接下来发生的事情彻底打破：戴安娜在婚礼前两天发现查尔斯打算送给卡米拉的一条项链上刻着两人的昵称，看见卡米拉的照片从查尔斯的日记本里掉了出来，发现查尔斯袖口的链扣上刻着卡米拉名字的缩写……这一切被识破后，就有了后来查尔斯的说法："我整个蜜月都在呕吐的气味中度过。"因为她每天都要吐三四次。

　　此后，戴安娜的暴发行为越发频繁。相比娇小的身材，她有着惊人的胃口。例如，一天晚上她吃了一整块肉排，加一磅[2]的糖果和一大碗奶油冻。每一次当她用呕吐的方式将这些食物排出体外时，她意识到，这帮助她获得了一种控制感，并且给了她一种表达自己愤怒的机会！

　　除此之外，戴安娜小心翼翼地监控着自己的外表，让自己随时随地都处于拍照的最佳状态，因为狗仔队来势汹汹，稍有不慎，自己就会变成隔天新闻中的焦点。因此服饰、身材和个人装扮品味上的表现必须做到完美无缺，只是这些也是沉重的枷锁，只会进一步加剧她神经性贪食症的病情。

　　在孕育了两个孩子之后，戴安娜王妃开始了自己缓慢又充满波折的恢复之旅。那段时间里，她先后向催眠师、占星术师、深层按摩师、芳香治疗师、针灸师、头骨按摩师、整骨治疗师等寻求帮助，神经性贪食症才得到了控制。她于 1996 年 8 月 28 日正式与查尔斯离婚。次年的 8 月 31 日凌晨，我们可爱的戴安娜王妃因车祸在医院香消玉殒，终年三十六岁。

　　戴安娜王妃的故事讲完了，就此神经性贪食症的四个标准也清晰地浮出水面。

　　1　英寸：英美制长度单位，1 英寸等于 0.0254 米。

　　2　磅：英美制重量单位，1 磅等于 0.4536 千克。

第一，需要大吃特吃，并且要在一段特定的时间内吃下比常人食量多得多的食物。

第二，要会使用重复而不恰当的补偿方式来控制体重，比如说节食、使用泻药或者呕吐。

第三，同时对上面两条做重要补充：所有这些行为都是你自己无法控制的！

第四，对自我形象的歪曲（所有人都认为你瘦，但自己却仍然觉得很胖），或者对自我形体的过分关注（患病者的所有自信只来源于体重和体形）。

神经性贪食症就是通过上面四条来给人的身体和情感带来巨大影响的，特别是用呕吐作为清除食物的方式时，影响则更为严重。

首先，患者会因为经常性的呕吐而唾液腺肥大，使他们有了张大饼子脸。

其次，在频繁呕吐的过程中，必要的营养物质也被排出体外，这会使人事后感到更加疲惫和抑郁，像我们常说的，吃不饱就不开心。但是，呕吐本身却减轻了胃部的不适，能让人摆脱吃下过多食物带来的内疚感，还可以作为发泄痛苦的一种方式，那么呕吐这种行为就因此得到了强化。

写到这儿想起看过的一部专题片，内容大概是：传说中，一位胃神女孩降临于世，以诡异和令众人膜拜的饭量横吞了家中一切可以吃掉的食物，体重却不见长。

五十分钟的片子前四十五分钟都在用专家们陷入了迷局、广告过后马上回来等各种手段吊足人胃口。还剩最后五分钟时，这才想起来，可以用个小摄像机跟踪一下呀，看看女孩吃完一桌的满汉全席后都干吗了。小摄像机跟啊跟，跟着女孩进入了洗手间，刚想闭眼，发现她此时蹲在马桶边上开始呕吐……

这就是一个很典型的神经性贪食症患者。

回到前文。很多人不知道，呕吐所带来的痛苦会导致体内一种叫"内啡肽"的物质的分泌，这种化学物质会带来中度的"兴奋"感，因此人们不自觉地追求这种快感的结果就是：呕吐的频率会不断增加。

同时持续的呕吐还会扰乱体液平衡，包括钠、钾的水平，这种状况就是传说中的电解质紊乱。如果不加重视的话，会导致一系列严重的并发症，如心律失常、癫痫和肾衰竭，所有这些均是致命的。

最后，由于经常伸手去诱发呕吐反射，手指与手臂经常与牙齿及喉咙摩擦，有些患者在这些部位出现了标志性的胼胝，就是我们俗称的"老茧"。

除了呕吐外，经常服用泻药也会对患者的肠道造成很大影响，会出现严重便秘和永久性结肠损伤。

传说狼人会在月圆之夜变身，是因为月亮相对地球位置不同而引发的潮汐作用对身体产生了影响。很巧，神经性贪食症也和时令季节的转换有一定关系，像我们冬天会养冬膘一样，冬季的暴食和催吐行为的发生率相比其他季节要高得多。

和很多心理疾病一样，神经性贪食症一旦发生，不及时治疗就会转化成慢性的。有些慢性的神经性贪食症的患者在十年之后仍然被病痛折磨不休。

绝大多数神经性贪食症的患者都是女士，并且这些女士通常来自竞争激烈的环境和高学历高收入群体。男士在全体患者中所占比例只有 5% 至 10%。

一位叫菲菲的小姐和我约好，今天特意来到这里为大家讲述一下她的亲身经历，下面就有请她出场：

> 大家好，我是菲菲，现在正读大三，我想讲的事情是发生在我读大二之前的。
>
> 我是一个典型的城市女孩，一路成长过来都比较顺利，是名副其实的校花，能歌善舞，是校芭蕾社团的领舞。但是，我有一个秘密，说出来大家可能不会相信：尽管别人眼里的我如花似玉，可一直以来我都觉得自己又胖又丑，为之苦恼不已。任何一点放进嘴里的东西都

会让我感觉我又在失去成功与魅力的道路上向前迈了一步。

事情还得从十一岁那年说起。那时的我就开始关注自己的体重，作为一个完美主义者，我要限制自己的饮食来保持身材，因此我从来不吃早餐，午餐吃一小盒饼干，晚餐只吃半饱。

这种行为持续到高中，我已经从限制自己进食发展到偶尔暴饮暴食。有时候暴食后，我会把手指伸进喉咙来催吐，感觉手指不够长时我还试过用牙刷，但是都不怎么奏效。

高二的时候我的身高达到一米六五，体重约有一百斤，这对我来说可真是太胖了。每天，我的习惯性动作就是用两只手环掐住大腿，测一测我的腿围，少一分我则心怀喜悦，多一分我便心生绝望，只能继续尽自己每一分意志力去控制饮食。

高三深秋的一天，我放学回家后独自看电视，结果吃掉了两大盒糖果……事后醒悟的我欲哭无泪，我狂奔着冲往卫生间，把手指探入深喉，超过了以往任何一次的程度。结果我成功了，我开始不停地呕吐，全身虚脱，事后不得不躺下休息半个小时，但在这个过程中我却体会到了前所未有的解脱：摆脱了所有暴食后产生的焦虑、内疚和紧张不安。

对自己向来无法控制的一切，这是一个完美的解决方案！

时光飞逝，吃吃吐吐一路走来，我的生活进入了大学时代，情况却变得更加糟糕，呕吐的次数开始增加，但勉强还在控制之内。直到大二上学期的一个晚上，我在一次聚会上喝了大量啤酒，接着又和同学一起去吃了肯德基。由于很多人在场，我并没有甩开腮帮子撩开后槽牙死命吃，但我还是吃了很多炸鸡，而炸鸡在我的禁食单子上排首位。

那一刻，内心的负罪、沮丧、焦虑及紧张一下子达到了历史巅峰，胃也因为糟糕的心情开始抽搐疼痛。

回去后，我自信地要再靠呕吐解决这一切的时候，不幸地发现，我的呕吐反应消失了，也就是说我什么都吐不出来了！心理的大厦顿时坍塌，我坐在地上号啕大哭，同时打电话告诉别人我要自杀，宿舍楼里的很多朋友也被我的哭声惊动了，纷纷出来安抚我。

这时，我才意识到，生活已经失去了控制，我需要专业人员的帮助……

菲菲小姐后来摆脱了神经性贪食症的困扰。那她是怎么做到的？

认知行为疗法！

所谓一花一世界，同一件事，认知的角度不同，它在你心中的样子便不同。认知行为疗法主要做的事情就是改变患者对不良行为的认知，让患者认识到这种行为引起的严重后果，从而修正和控制自己的行为。

下面就介绍认知行为疗法中的一种，也是我最喜欢的拯救了无数断肠人的疗法——合理情绪疗法！

合理情绪疗法中的 ABC 理论：

A：指诱发性的事件，即引发你情绪的事件。

B：指个体在遇到诱发性的事件之后相应而生的信念，即你对这一事件的看法、解释和评价。

C：指特定情景下，个体的情绪及行为结果，即你的所作所为、所感所想。

通常情况下，A 会引起 C，就是说一个刺激会引发你一个相应的行为反应。但是 B 在这里就起到了非常重要的作用，因为按照 A——B——C 的顺序，在 A 作用到 C 之前要经过 B 的处理：我说你这事好就好，说不好就不好。因为 B 是人们对事件的看法，看法不同当然行为结果就会不同。

例如：

丢钱（A），有的人认为太不幸了，太悲哀了（B1），他大为沮丧，神情落寞（C1）。

同样还是丢钱（A），有的人认为是好事，破财免灾（B2），那么他就会轻松释怀，快乐如前（C2）。

合理情绪疗法中有一条黄金规则：像希望别人对你那样对待别人！

看看，果然很黄金，这就是我们常说的，站在对方的立场思考问题。但是往往说起来容易做起来难。

相反的就是反黄金规则：我对别人怎样，别人就必须对我怎样！

显然这种想法是错误的。

再上个小案例充分解释一下合理情绪疗法。

事件 A：失恋，女友离开自己和别人好。

信念 B：我那么爱她，可是她却不再爱我，做出这样的事，真是太不公平，太让我伤心了。

情结 C：抑郁和（对女友的）怨恨。

为了扭转纠正这个错误的认知 B，我们需要提出一个驳斥的 D：

① 我有理由要求她必须爱我吗？难道仅仅是因为我曾爱过她？

② 我爱她是我自愿的，她并没有强迫我这样做，那我有什么理由强迫她？难道这对她公平吗？

③ 她做出这样的选择一定有她的原因，我有什么权力要求她必须按我的意愿做事？

④ 如果我爱过谁，就要她一定一直爱我，那简直是不可能的事。这种绝对化的要求真是太不合理了。

好了，D 已经把错误的 B 驳斥到体无完肤，现在我们就要赶走 B，建立一个新观念 E：

① 每个人都有选择爱的权利，她可以去选择别人，我也可以有新的选择。

② 不能希望我对别人怎样，别人就必须对我怎样。

③ 虽然互相爱慕、相守一生是件好事，但并非每个人都能做到这一点，这就要看各人的缘分了。

④ 感情上始终如一是值得赞赏的，但人的感情也会变化，不能要求事情必须按自己希望的那样始终不变地发展下去。

这样想通后，你们说这个小伙子是不是就已经可以放下这段感情，释怀这份伤痛了？

每一个和我们相爱过的人，当他们不再爱了选择离开，无论当时分手的过程是平静还是惨烈，事后我们都应该冷静下来，学会感恩，因为对方也是用他们的生命时光陪伴我们走过了一段人生历程，这条路上原本我们是独自一人的，而他们的降临不管带来幸福也好痛苦也罢，都是上天给予的礼物，因为从幸福与痛苦中我们才领悟了人生真实的模样……

回到菲菲的治疗：

A：自己身材胖或者仅仅是不够骨感。

B：① 我必须保持我的体重，这样我看上去对异性才有吸引力。

② 为了有吸引力我必须看上去跟电视里的模特一样。

③ 如果不把食物清除到体外，我的体重就会增加，别人就会不喜欢我。

C：神经性贪食的种种不良行为。

那么仿照上面小伙子的例子，怎样驳斥错误的 B，建立正确的 B，大家不妨开动脑筋试一试。

相信每个人都会做得很好，人人都可以是自己的心理治疗师！

重口味心理室诊疗记录

网友求助

我有严重的神经性贪食症。我在偏僻的乡镇上班，男朋友在身边，心情好就不怎么发作，可是每次回到家待一两天就发病。你说厌恶疗法管用吗？我身边同事也有类似症状，都是因为减肥吗？还是我们的职业压力大？很是神伤啊。

作者解答

世上没有保证药到病除的治疗方法，厌恶疗法是否管用，要看患者具体的情况以及治疗实施的专业和规范程度。

另外，压力是引发该病的原因之一。

第八篇

神经性厌食：

正在消失的身体

在所有心理障碍中死亡率最高的不是抑郁症，而是看似不起眼的神经性厌食症！

在当今社会，尤其是在大城市中，还有人饿死吗？

其实，在所有心理障碍中死亡率最高的不是抑郁症，而是看似不起眼的神经性厌食症！它有多不起眼呢？尽管它早就存在，但是很久以来都未引起大家足够的关注，甚至一开始都没有人把它作为一项单独的心理疾病来对待。直到后来，越来越多的死亡病例出现，尤其是来自名人明星的，这才引起社会各界对它的重视。

先看看来自我们身边的两个案例吧。

案例一：

女，二十一岁，待业，未婚。

这位姑娘高考的时候，学习、精神压力非常大，出现了消化不良、食欲差、胃痛、腹胀、便秘等症状。高考后落榜，以上情绪及身体状况变得更为糟糕。

一次，一位亲戚来家中串门，无意间说到她的腿长得没有她姐姐的好看。姑娘当场就气抽过去，从此每次吃饭前她都要与父母谈条件，赌气闹事，因为害怕变胖。并且姐姐要吃下她规定的饭量（通常都很多）后自己才会进食。尽管如此，姑娘的饭量还是递减到每天两顿，每顿只吃二两主食。一段时间后，她连主食也抛至一旁，除了少量巧克力和糖块，不再吃任何食物。慢慢地她开始不洗澡不洗脚，因为担心别人看见她在自我折磨下形销骨立的肢体；身体非常虚弱，导致行动都出现困难。她的顿感病势沉重，于是写好遗书，向父母交代后事。

此后的一天，她突然陷入昏迷，大小便失禁，血压骤降，被送到医院紧急救治。

经历整整四天的抢救，才把她从死亡边缘拉了回来。

姑娘在患病之前身高一米五六，体重四十三公斤，待到入院治疗时体重仅剩二十九公斤。需要卧床，已不能抬头，不能活动上下肢，不能坐、立、饮食，大小便都需要旁人帮忙。全身皮肤干燥，脱皮，皱褶无弹性，皮下脂肪消失，肌肉萎缩，腰背部有多处褥疮，双下肢重度水肿，闭经十个月。

意识方面还算清晰，只是精神萎靡，气若游丝，到了这个地步还念念不忘：我不要吃东西，我怕胖，吃完后肚子胀。

最后医院方面对她的诊断为：神经性厌食症，极度营养不良，褥疮3度。

案例二：

女，十七岁，学生。

在发病前九个月加入学校舞蹈队，自认为很胖，影响体形和舞蹈的表现力（其实身材很苗条：身高一米六五，体重四十八公斤）。随后开始主动节制饮食，先是不吃肉类，最后不吃主食，只吃蔬菜及零食。吃过食物后经常刺激咽部引起呕吐，体重由四十八公斤骤降至三十八公斤。作为独生女，父母对其溺爱有加，所以来自家人的任何劝阻都无济于事，本人仍觉得自己很胖。

随后发展到连蔬菜和零食都不吃的地步，只以大量饮水和几块饼干充饥，吃完便引吐。体重又在原来基础上下降了四公斤，变为三十四公斤。身体出现进食后腹胀、恶心、厌食、食量减少的症状，月经停止，阴毛、腋毛及头发开始脱落，怕冷，便秘，情感抑郁，身体极为虚弱，容易生气，多次出现轻生念头。

入院后观察：皮肤弹性差，干燥粗糙，皮下脂肪少，毳毛（一种长在四肢及脸颊上的细毛）比较多，乳房发育不良，阴毛、腋毛稀少，手足冰凉。

最后诊断为：神经性厌食症。

两个案例讲完了，有人会觉得有点迷糊，神经性贪食症是吃完了吐，神经性厌食症也是吃完了吐，两个病好像没区别吧？

怎么没区别？听我给你慢慢道来。

实际上，神经性厌食症分为两种情况：一种是限制饮食型，这种类型的患者主要是限制热量的摄入，就是我们说的节食，或者干脆不吃；一种是暴食—清除型，这种类型的患者占了整个神经性厌食症人群的一半之多，也正是这种类型的神经性厌食症容易跟神经性贪食症搞混。

暴食—清除型的神经性厌食症，患者摄入的食物量相对少一点，就是不会像神经性贪食症患者那样一口气吃下去那么多。但是神经性厌食症患者的清除行为会更加频繁，比如吐的次数更多，或者上厕所腹泻的次数更多。这样就形成了一个逆差——人不敷出，体重就有可能下降到有生命危险的地步。因此能否成功地减轻体重是两者重要区别之一。

此外还要指出一个误区，就是神经性厌食症从字面上来看有"厌食"二字，通常给人的感觉是患者的食欲有问题，不爱吃东西。但事实上，患者的食欲是正常的，不吃东西不是不爱吃，而是自己控制着不去吃。这样就又引出了神经性厌食症和神经性贪食症的另一点重要区别，那就是动机问题！

神经性厌食症患者与神经性贪食症患者都对体重的增加有一种病态的恐惧，并对进食问题失去了控制。

但是神经性厌食症患者对这种失去控制（吃得越来越少或者吃得少吐得多）倍感自豪，而神经性贪食症患者则对这种失去控制（吃得多吐得多）感到羞耻。

一个是喜悦，一个是愤懑，这两种情绪其实都是巨大的驱动力，加之恐惧情绪的推波助澜，进食障碍患者们的病情可以说如滔滔江水连绵不绝，又如黄河泛滥一发不可收拾！

一个患有神经性厌食症的人永远不会对其体重减轻的程度感到满意，如果过了一天还保持原来的体重或者有任何增加，这就如同面临灭顶之灾，不知会引起患者多大的恐慌、焦虑和抑郁。

因此神经性厌食症的另一个关键标准就是：内心对身体形象的扭曲！

他们在镜子中看到的自己和别人眼中的自己完全不一样。在别人眼中，患者是一个憔悴的、生病的、饿得半死不活的虚弱的人；但患者心里却没有这些感受，有的只是觉得身上的哪些部位，比如说胳膊、腿或者肚子应该再减去几千克。也正因为这种扭曲的观念，神经性厌食症的患者们很少主动求医，一般是迫于家人或者朋友的压力才选择治疗。

至此，神经性厌食症与神经性贪食症的概念就全部明了了，如上所述的三条：

① 能否成功地减轻体重是两者重要区别之一。

② 两者行为的动机不同。

③ 都存在对身体形象的扭曲认知。

在上面的案例中，有一样东西是神经性厌食症与神经性贪食症患者共有的明显特征，也是禁食程度的一个客观的躯体标志，那就是：闭经！

有一些研究已经表明，排卵及月经与体重之间存在着密切的关系。

此外，神经性厌食症患者在医学上的体征还包括皮肤干燥，头发和指甲脆而易碎，对寒冷敏感，不能忍受低温。神经性贪食症中的呕吐过度会引发电解质紊乱和心肾疾病，这在神经性厌食症中同样会出现。

最后我想说，神经性厌食症没有神经性贪食症那么普遍，但是一旦患上它，会比神经性贪食症更容易转化成慢性的，对治疗的反应也更差。

有段时间，我一直在反复听一首歌"Yesterday Once More"（《昨日重现》），作为电影《生命因你而动听》的插曲，它已经被载入了奥斯卡百年金曲。而这首名曲的演唱者——凯伦·卡朋特（Karen Carpenters）就是下面这个故事中的主角。

凯伦·卡朋特最负盛名的是她那略带忧郁的中音，在二十世纪六十年代末至整个二十世纪七十年代，几乎整个美国都为她的声音倾倒（现在我也为它倾倒）。凯伦和她的哥哥理查德·卡朋特（Richard Carpenters）的歌曲"Close to You"（《靠近你》）和"Top of The World"（《世界之巅》》

到现在都传唱不衰（确实好听）。卡朋特兄妹的事业蒸蒸日上，不断有佳作问世。所以看上去凯伦的生活应该是那样无忧无虑，幸福满足。这也让很多人，包括她的家人，很难理解她后来是怎么和神经性厌食症扯上关系的。

事情还要从她的青少年时期说起。

那时，卡朋特兄妹二人的音乐才华便已开始展露端倪。他们以哥哥创作妹妹演唱的形式出道，很快便在音乐事业上取得巨大的成功，唱片《靠近你》获得大卖！但是在成功的光环下凯伦却一直被一个问题困扰，那便是身材。从十七岁的六十五公斤到二十三岁的五十四公斤，她一直试图摆脱那个在母亲眼里根本无法改变的具有"家族特征"的宽大体形，尽管事实上她还是做得不错的。

说到凯伦的母亲，那就来讲讲她的家庭吧。

凯伦的母亲是个非常强势的人，使得凯伦仿佛永远都不能与之抗衡，并且妈妈实际上偏爱哥哥更多。相比母亲在家庭中的主宰地位，凯伦的父亲就是个可爱的妻管严了，老婆说站直绝对不敢弯腿。

在西方国家，孩子长到一定岁数就可以从大家庭中搬出去独立了，但凯伦的母亲却不允许她这么做：你即使搬走了也要住在附近，这样我才好掌控你的一举一动。

除此之外，凯伦想从母亲那儿得到一点赞美，是不可能的，母亲会说你哥哥做得更好；想从母亲那儿得到一点点肢体上的关爱，比如说亲吻拥抱什么的，也是不可能的，凯伦妈妈做得比我们东方人还含蓄。

在所有这些的影响下，凯伦觉得自己生来便在哥哥之下，没有吸引力，超重，永远比别人矮一头。事实也是这样的。尽管凯伦极其渴望来自父母的爱和认可，但他们却把所有注意力都放在哥哥及他的事业上。

重赏之下必有勇夫，盛名之下必有强压。随着事业的一路攀升，凯伦变得越发地偏执和追求完美，青少年时对身材的困扰此时被拿出来无限放大。在阅读了八卦报纸上对其体重苛刻的评价后，她开始节食。

想准确确定她何时患上神经性厌食症是困难的，因为凯伦一直都或轻或重地在控制着自己的饮食。直到二十四岁那年，她的家人第一次注意到凯伦在家中进餐时不吃东西，体重不断下降，肋骨都从衣服里凸显出来。

对此，凯伦自己却认为这一切都好极了，随后她还学会了与周围的人斗智斗勇："我都跟你们说过多少遍我已经不节食了，我没有任何问题。"外出用餐时她会点和别人不一样的东西："都来尝尝我的，多吃点。"这样就可以通过每个人尝一部分自己的食物把它们分光来避免进食。除了这些，她开始每天花数小时的时间做大量剧烈的运动来消耗热量。

到了二十六岁时，凯伦常常感到精疲力竭，有时不得不卧床休息，因此错过了很多彩排和演出，干脆退出歌坛。因为节食造成免疫系统出现了问题，她开始不断生病。除了对泻药成瘾外，她还开始摄入大量的甲状腺素药物——大家知道甲状腺激素能消耗身体热量，燃烧脂肪，这也是为什么很多甲亢患者非常能吃但却仍然很瘦。

最后，孤独绝望、缺少关爱的凯伦在经历了几段心理治疗，走完了几段坎坷路途后，于1983年2月4日因大量服药引起的心脏衰竭离我们而去，终年三十二岁。

该对进食障碍的成因做个总结了！我搬来了在解释病因中经常出现的社会因素、生物因素和心理因素这三因素兄弟。

第一，社会因素。

要说啊，神经性厌食症和神经性贪食症是目前为止确诊的心理障碍中与社会文化相关性最强的！是什么驱使年轻人进入一种半饥饿和自我清除（呕吐等）的惩罚性游戏中呢？不说别的，打开电视与电脑，各种减肥广告和诸多诸如"不瘦就去死"的呼喊扑面而来，外加很多明星的以身作则。这些"榜样"的示范作用潜移默化中形成一种强烈的心理暗示，让你无法自控地在当今审美标准的大河中随波逐流，倘若想不干，压力顿时倍儿大。

所以处于竞争社会的中上等阶层的许多年轻女性认为：自我价值、幸福和成功在很大程度上取决于体形的各项测量分数，以及身体中脂肪的百分比。实际上，它们真的与个人的幸福以及成功没有什么联系。但是社会强加于人们的这种要求人们必须变瘦的愿望会直接促使人们去节食，这是滑向进食障碍危险深渊的第一步。

有一个很有意思的心理研究结果：

女人眼里最具吸引力的体重比她们现在的实际体重要低得多，而男人眼里最具吸引力的体重比他们现在的实际体重要高得多。

女人认为在男人眼里她们应该更瘦一些才好，男人认为在女人眼里他们应该更胖一点，肌肉更多一点才好。

因此可以解释，为什么进食障碍多发于女性身上。

其实绝大多数的女性所喜欢的男性体形是一种普通的体形，而不是那种有很多肌肉的。

有段时间我特别迷范·迪塞尔，就是主演《速度与激情》的那个光头猛男，但我是在此之前很早就开始喜欢他的，看过他所有的作品。我那时把各种屏保和桌面照片统统换成他的头像，这种情况被身边几个熟识的男性朋友看到后，他们一个个若有所思，喃喃自语。一段时间后，他们中的大多数都在不同的场合、不同的时机刻意地跟我展示过经一番苦练后微微隆起的肱二头肌、胸肌、三角肌等各种肌。

真是够可爱啊！我喜欢范·迪塞尔是因为迷恋他那磁性的声音、销魂的眼神，还有举手投足的范儿，只是这些而已。

呵呵，所以说男女两大阵营真是时不时就不小心活在对彼此的误会中。

物以类聚，人以群分，近朱者赤，近墨者黑。很多女生都有一些友情小团体，团体中一些成员对身体的过分关注也会引发其他人有相同的反应，导致跟风节食的现象出现。

小团体说完，一转进入大团体——家庭。

典型的神经性厌食症患者的家庭特点是成功、进取心强、关注外表和尽力保持和谐。这些和凯伦家庭的特点相符。在这种家庭中，为达到这些目标，成员间常常忽视彼此的感受，缺乏应有的交流。

此外，有进食障碍的女孩的母亲也常常扮演一个"社会信息传递员"

的角色，经常告诫女儿要瘦，胖是无药可救的。如同凯伦母亲对凯伦宽大身材的不齿一样，这些母亲本人也有明显的完美主义倾向。

第二，生物因素。

像许多心理障碍一样，进食障碍有一定的家族遗传性：家族中有亲属患进食障碍的人比一般人群发病率要高四至五倍，因为面对生活中同样的刺激事件，他们更容易产生焦虑。这种焦虑一出，就必须靠各种不当的进食举动来缓解它所带来的痛苦。

第三，心理因素。

完美主义啊完美主义，你是什么？你就是一个强大的引擎！

正常的人拥有了你，他们会势如破竹，在人群中鹤立鸡群，出类拔萃，可谓干什么像什么，做什么都拿得出手。

可是，当你出现在了病者身上，尤其是在进食障碍中被引向对身体形象的扭曲认识时，这种破坏力，就好比玩游戏时开了挂，原本龟速的蠕动也变成闪电般的瞬秒，还想要多来劲？

除此之外，患有进食障碍的女性还把自己看作骗子，认为自己给别人完美、自信或有价值的印象都是假的。由于这种感觉，她们觉得自己是生活在社会团体中的假冒分子，会感受到很高的社会焦虑。就像神经性贪食症那篇中讲到的菲菲一样，别人都觉得她美丽无比，这是别人的真实感受，而她却觉得自己相貌丑陋，欺骗了他人，但实际上并没有。

至此所有成因都解释完毕，但三因素兄弟就自己是否能够独当一面的问题轮流与现实哥展开了激烈对决。

现实哥首先登场："俺就是吕布，你们三个谁先放马过来？"

第一轮。

社会因素出场："我乃刘备是也。我想说，人们受社会以及文化的影响会产生变瘦的动力，导致限制饮食，这通常会演变成严格的节食。"

现实哥接招："玄德小儿，你要记住，许多人，包括青春期的女孩，都在进行严格的节食，可是只有很少的人会发展成进食障碍，这就说明单单节食并不会导致进食障碍的发生！"

于是，刘备落马。

第二轮。

生物因素出场："我乃张飞是也。我想说，遗传因素说明有些人生来就会比别人更容易患上进食障碍，而且据我猜测，一些人的进食障碍是命中注定的。"

现实哥接招："翼德休得胡猜！按你的逻辑还有一种东西也是天生的，那就是有些患者有更加不容易变瘦的体质，于是他们再怎么做出'暴食—清除'的行为也不会使自己的体重下降到令人警戒的程度！"

于是，张飞落马。

第三轮。

心理因素出场："我乃关羽是也。我想说，进食障碍的患者都有一定的完美主义倾向，这才是导致他们患病的真正原因。"

现实哥接招："云长你个大红包子，作者已经讲过完美主义是把双刃剑，单独的完美主义与进食障碍的发病关系并不密切，只有当个体认为自己超重并存在较低自尊的时候，才会对进食造成影响。"

于是，关羽落马。

现实哥仰天长啸三声："三英斗吕布，三人一起上阵方才与我战成平手，更别提单打独斗了！"

因此说，没有任何一种因素可以单独地导致进食障碍的发生，它们需要整合在一起相互作用，才能对进食障碍的成因做出一个合理的解释。

就此，关于进食障碍的内容（神经性贪食症、神经性厌食症）都已讲完，主要参演的人员包括：戴安娜王妃，菲菲，凯伦，社会因素、生物因素和心理因素三兄弟，以及现实哥。演员们此时一起挽手回到舞台为大家做最后的谢幕：该吃就吃啊各位！

第九篇

关于自杀：

危险的凌晨 4 点 48 分

据统计，绝大多数的自杀事件都发生在凌晨 4 点 48 分，因为人们在这一时刻精神错乱达到极致，是最容易自杀的时刻。

记得我上初中的时候，有一回期中考试后，教语文的班主任老师找我谈话："这次你的作文很有问题，先不给你零分，回去重写一份怎么样？"我当时听到这个消息后十分生气，非常不满地吼道："呃，我这就回去再写一份……"

班主任："你知道你问题出在哪儿吗？"

我很好奇："出在哪儿？"

班主任："因为你在作文中谈到了死亡的话题！"

死亡——这个貌似只有在宗教领域里才能畅所欲言的东西，别说搁在一个十几岁孩子的作文里，就是放在其他任何一个地方，都是会让很多人避之唯恐不及、讳莫如深的。

但是今天很有幸能有机会与大家一起进入这个神秘的领域，探讨这个我自己也十分感兴趣的话题——自杀。

看了一下表，现在是北京时间 7 点 15 分。有一部小剧场话剧叫《4：48 精神崩溃》，据统计，绝大多数的自杀事件都发生在凌晨 4 点 48 分，因为人们在这一时刻精神错乱达到极致，是最容易自杀的时刻。该剧的女作家也在写完这个剧本后因长期受抑郁症的折磨，一个星期后自杀身亡，年仅二十八岁。我本来打算能在今天的 4 点 48 分开始写这篇文章，也好体验一下那时的心境，但是，没起来！

天妒英才，也让我想起了另一位颇具传奇性的人物：海子。

是什么让他在写出"面朝大海，春暖花开"这样鼓舞人心的诗句后，两个月不到就卧轨自杀了？一时间的猜测众说纷纭：自杀情结？性格因素？生活方式？荣誉问题？气功问题？自杀导火索？写作方式与写作理想？

　　说实话我也一度深感不解，但当时对这方面毫无探究的我，只能无奈地接受那些看似合理的猜测，就像我们每天可以千篇一律地读到那些简单而又似乎合逻辑的解释：自杀乃是由健康欠佳、消沉萎靡、经济拮据、卑贱屈辱以及挫折失意等因素造成的！

　　随着时间的推移，当我由一个少女变成……还是一个少女的时候，我就慢慢开始质疑。质疑的不是这些被不断提出来的自杀理由，而是大家对它们的态度：不管什么理由，大家最后还是信了。

　　为什么人们会如此轻易和不加怀疑地接受这些解释？要知道，大伙在阅读奇案、谋杀和侦探小说时，那找起 bug（漏洞）的劲头可是地球都阻挡不了的。由此也能看出，这些小说几乎从不去探求对自杀的解释，而总是去探求对谋杀的解释。

　　下面给大家讲一个故事：

　　一个小地方的银行出纳员，脾气好，老实，值得信任，在这个小地方上，几乎每个人都认识他。一天银行关门后，他没有走，翌日清晨，人们发现他死在了自己的办公室里，身旁放着一个空了的安眠药瓶。不久，大家又在他的账目中发现了一笔缺款，结果证明他已经秘密挪用了几十万元的银行基金……

自杀结论 1：

　　在此后的很长一段时间内，他的朋友和家人们都不能相信这样一个受人信赖、名声很好的人会做出这种事情。但是最后大家还是不得不承认：他突然丧失理智，在金钱的巨大诱惑下卑躬屈膝，事后又感到万分悔恨，因此以死谢罪。

自杀结论 2：

　　但是几个星期后，又有了新发现。有人揭发他和一个有夫之妇有一腿。那么原来对他自杀的简单解释现在被推翻了。问题必须重新考虑，但很快就又找到了新的答案，并且认为，哈哈，这才是真正的答案：一个外表憨厚老实，有一定社会地位，并且已经有家室的男人，不安于平静的生活，抑制不住内心的躁动，"绿"杏出墙，做出了违背社会道德的事，最后可能被人识破，身陷是非，想不开就……

还有一种说法是：他不得不想办法弄钱养活那女人，是她杀了他。

自杀结论 3：

这时，有人可能会纳闷，到底是什么样的女人，会让一个外表正常工作也不赖的男人为她如此魂不守舍，心甘情愿地付出？答案不出在这个女人身上，而是出在这个男人自己的老婆身上！只有几个关系非常亲密的朋友才知道，这个男人和他的妻子关系一直很不愉快，婚后二十多年来，由于妻子的性冷淡，他的欲望一直得不到满足。并且由于性格，他也不可能靠失足妇女来解决自己的生理问题。

于是可以得出结论：在这种"内忧外患"的情况下，他遇到了她，就是遇到女神，遇到了救世主。因此有的人会说，事实上是他妻子的过错。

自杀结论 4：

直到这儿，仍然没有哪个说法可以解释整个悲剧的全过程。人们还会继续深一步地探究：既然都这样了，他为什么不离婚？或者当初干吗一定要娶她？

这时候，他的一个发小突然站出来大声说："说到底，你们并不了解他的母亲！她也是一个心肠冷酷的女人，爱金钱胜过爱子女。也难怪他在婚姻上会出现问题，说到底都是被他母亲影响的！是的，你们太不了解他的母亲了。"

四个结论到这儿全部说完，我们已经把这位银行出纳的自杀原因从因果关系上做了深入的追溯，这时可以看到自己最初的解释有多么谬误和肤浅。其实早在他服下安眠药之前，甚至是在他盗用银行公款之前，他就已经开始自杀了！这样听上去好像本末倒置，有点不合情理，不过相信你在看完整篇文章后，很有可能会改变自己目前的想法。

同时，我也想说明一个问题：自杀绝不是简单的、偶然的、孤立没有联系的以及要么符合逻辑要么莫名其妙的冲动行为，自杀实际上是一种极其复杂的行为！

　　为了能很好地证明这一切，同时也为大家揭开自杀真相，接下来，我将开始关于自杀原因的抽丝剥茧之旅。

　　前面提到了谋杀，那么有一点大家都应该赞同，那就是：自杀也是一种谋杀，它是自己对自己的谋杀，这种死亡方式使一个人既是凶手同时又是被害者。我们就先来说说这场"谋杀"中必不可少的一个因素——杀人的愿望。

　　杀人的愿望：无缘无故我们怎么会想到要杀人？

　　这还得从我们刚出生那会儿说起。还记得自己出生的过程吗？废话，当然不记得。那么好吧，还记得别人出生的过程吗？不论顺产或者剖宫产，原本安宁地待在子宫中的胎儿突然被强迫来到这个世界上，他们很不高兴，从那一刻起，具有攻击性和破坏性的本能就在人的体内诞生了！这一点在后来也有明显的体现：谁抢了宝宝的玩具或者干扰了他们的活动，就会很快引起他们强烈的不满与抗议，用哭声来摄人心魄。

　　尔后，到了成人阶段，这种破坏的本能已经发展得颇具规模，具有强大的能量。不像婴儿只能靠哭声来吓唬人，成人可以做到彻底地消灭入侵者及其带来的憎恨感与恐惧感。而这么做的最后结果就是杀了对方。这就是杀人的愿望。

　　但是，奇怪的是，在自杀中，为什么原本向外的杀念却转向了自己呢？

　　看下面这个故事：

　　有这样一个人，他非常恨他的弟弟，总是想找机会亲手杀了他。但是，他还是克制住了自己，不仅因为法律，更是因为他母亲。他深深地感到，自己不仅不能杀了弟弟，还有义务去保护他，为此，他为自己曾有过的罪恶想法万分后悔，非常自责，几次企图自杀，但都失败了。

　　后来，他出于一种自己都不完全清楚的原因，开始不顾一切地疯狂驾车，以求能死于车祸。但是欲死则不达，尽管出过几次严重事故，但他还是非常"不幸"地活了下来。对怎么都死不了的这个问题，他感到很生气，就想着能不能换个法子来解脱，于是他故意反复与妓女接触，希望能患上梅毒，但是又非常"不幸"的是，他只得了淋病，不过他全然不加以治疗。

从他一连串的做法可以看出，这个人把对弟弟的痛恨转移到了自己的身上！由此，引出一个新的自我防御机制的概念——内投。要讲内投，就要先知道投射。我们在沙盘那一篇讲过投射，是指人们把自己不能容忍的冲动和欲望转移到他人的身上，或者以其他形式表现出来，借此消除内心的痛苦。

而内投（就是内部投射）正好与投射相反，是把本来指向外界的敌视、攻击、伤害等转而指向自身。其中这个自身，不是指自己的真身，因为人是有趋利避害本能的，不会傻到真要伤害自己的地步，那这个"自身"又是什么呢？

心理学中有这么一种说法，人在看待自己的身体时分三种境界：

① 不把自己的身体当成自己的身体。

② 自己的身体就是自己的身体。

③ 自己的身体中还包含着别人的身体。

在内投中，用到的就是第三种说法：自己的身体中还包含着别人的身体。谁的身体？就是你仇恨之人的身体，这样就解释了上面的问题：在自杀中，为什么原本向外的杀念后来却转向了自己？

因为在现实生活中，有时受法律等方面的约束，我们很清楚自己实际上是杀不了对方的，所以就把对方内投到自己的身体之中，玩命地虐待自己，以杀掉身体中的对方，这样就代替了现实生活中的杀戮，也就变成了自杀。

现在可以解释了，为什么一个小男孩因受到父亲几句责骂就上吊自杀，或者一个小女孩只是因为在学校被老师训斥了几句就跳楼轻生。是因为他们都不能杀死心中恨的那个人（父亲或老师），因为那个人对他们来说太强大太权威了，甚至有时他们对那个人的恨里还夹杂着些许爱，不忍心真的伤害对方。但是心中腾起的恨意却实在难消，这种攻击性和破坏性的本能冲动一旦启动，就必须找到一个突破口，于是他们把父亲和老师投射到自己的身体里，杀掉他们，这样就造成了自杀。

尤其是对男孩子来说，每个男孩子在成长过程中内心深处都或多或少有父亲的影子。不少男士看到这里很可能也会自觉地意识到：我的父亲确实活在我的心中。

如果说上面故事中孩子们的做法只是让你感到不解的话，那么下面几个案例则会让你感到万分疑惑：

一个女孩子因为头发剪得太短而抑郁沮丧得自杀。

一个男子因被迫放弃玩高尔夫球而自杀。

一个女子因错过了两班火车而自杀。

一个男孩子因为他的宝贝金丝雀死了而自杀。

…………

为什么他们会那样做？为什么？

这时，弗洛伊德再一次隆重登场了。

想知道这是为什么吗？那就从我著名的"性欲论"中一探究竟吧！

一提到"性欲论"三个字，有些人可能要想歪了，其实我纯洁着呢！

我是把一切问题都归结于性的问题，就是说，我把性欲视为人类行为的真正原因。但是，我说的"性"可不是你们想象的性交、性爱、生殖器那么简单，我的"性"是广泛意义上的，不仅针对性成熟的青春期和成年时期，还包括婴儿时期——婴儿一出生就已经存在了"性"！

我的"性"也不仅表现为人们在性交过程中获得的快感，其实它还包括从身体其他很多区域中获得的快感。

我的性欲论中的性其实是一种潜在的能驱使人们寻求快感的能量，是种动力！我给这种动力起了一个名字，就叫：里比多！

根据里比多在人格发展的不同时期，贯注在人体部位的不同，可以将人格发展划分为五个时期：

① 口唇期

就是大嘴唇时期，是人在零至一岁的时候开始的。为什么这么叫，因为我认为里比多的发展是从嘴开始的，这时它多贯注于人的嘴上，就像婴儿享受吸咬母亲的乳房，吮吸的快感就此而生！我们每个人都经历过口唇期，像长大成人后吮吸或咬东西（如咬铅笔等）的快感，抽烟和饮酒的快感等，都是从口唇期发展来的。

②肛门期

人到了一至三岁时，里比多的贯注点开始转移了，从嘴部转移到了肛门。这个时候人们开始享受到大便产生的快感，以排泄为乐，或者在玩弄粪便中体会到满足。

③前生殖器期

当到了三至六岁时，人们开始进入前生殖器期。我认为儿童从三岁起就开始有了性生活！大家不要觉得耸人听闻，实际上确实是这样的，只是由于这时他们的生殖器还未发育成熟，所以性生活的方式与成人不同而已。

那么什么是他们的"性生活"呢？就是我所说的"俄狄浦斯情结"，即恋母情结，也可表现为女孩恋父。因为到了这个时期，儿童会变得非常依恋父母中的一方。

④潜伏期

到了六至十一岁，先前口唇期、肛门期和前生殖器期产生的快感一扫而光，大家进入了一个相当平静的时期。

⑤生殖器期

经过暂时的蛰伏，女孩大约到了十一岁而男孩大约到了十三岁的时候，就开始进入青春期。这时的感觉相信很多人都会非常熟悉：叛逆，急于摆脱父母，容易产生性的冲动，容易跟成年人发生矛盾，产生抵触的情绪。人生中的第一场风暴已经来袭！

好了，我辛苦地讲了这么一大堆东西，只是为了解释一件事：上面自杀事例中的那些人是何缘故因为那么一丁点小事就歇菜了呢？

我的结论只是一个：因为这些人在人格发展的道路上，还始终滞留在"口唇期"这个初级的阶段！

他们在情绪上和心理上都是不成熟的，还没有脱离幼儿的情感模式。而幼儿是用嘴来爱的，正像吃奶的孩子不愿意断奶，断奶以后就认为自己拥有的所有东西都被剥夺了，心如死灰绝望到底，还活个什么劲，死去！同时，他们还非常憎恨那个夺走自己挚爱之物的人，因此又把对方内投到自己身上，起劲地发泄，也就不难解释他们为什么会因为那些无关紧要的事而自杀了。

"杀人的愿望"说完了，但正所谓一个愿打一个愿挨，是什么让自杀者在准备杀掉自己的时候内心不做抵抗反而心甘情愿受死呢？那就得继续来说说这场"谋杀"中的另一个关键因素——被杀的愿望！

被杀的愿望：如果说杀人是攻击性的极端形式，那么被杀就是屈服的极端形式。

是谁让自杀者走向屈服的尽头？就是良心！

良心是什么？良心是个不怒自威的家伙，就好比我们在一个城市里，虽然没有看见任何警察，却仍然知道有一个警察系统存在。良心是一种权威的道德代表，是我们内心世界公正的主宰者！

在我们的生活中，良心更像是一位怪咖，有时会促使我们去做一些我们明知没有意义的事：赎罪的行为（在马路上撒钱等）；有时又会禁止我们去做那些我们想做但不合适做的事：欲望的驱使（勾引隔壁少妇等）。

人们常说，你要摸着自己的良心说话。但大家都知道良心是摸不到的，不仅摸不到，有时甚至都察觉不到，而良心这一无法被意识到的部分其实就是我们要说的"被杀的愿望"！

如果说我们的恶念是一道光，那么良心就是面铜镜，当某个人攻击他人时，良心就把这道光反射回去，把本应射向他人的歹意弹向自己，所以有时指向良心也能杀人。

下面来看这个故事：

A 小姐出生于富裕家庭，是位"孔雀女"，她的爸爸是一位著名的律师，妈妈是位成功的商人。他们把女儿送到一所收费昂贵的学校接受贵族教育，毕业后又让她在欧洲玩了一年。当她从国外回来后，她的父亲坚持要她嫁给自己的一位世交。此人比 A 小姐大了好多岁，并不是 A 小姐中意的结婚对象，但跟往常一样，A 小姐还是无声无息地屈服了。

婚后一年零三个月，她的丈夫就死了，给她留下了一笔不菲的遗产。尽管 A 小姐从未爱过她的这位丈夫，但她此时却因他的去世变得异常消沉和抑郁，觉得是自己害了他。她开始产生这样的想法：我病得很重，需要开刀。后来她真的因此动了手术！尔后她又企图自杀，在厨房中打开煤气，但中毒后被人发现送往医院，经抢救活了下来。

痊愈后，A 小姐爱上了父亲的另一位朋友，同样那个人也比她大很多岁，是一位律师。结婚的请求是 A 小姐提出来的，那个人最终娶了她。婚后的日子过得还不错，只是没多久，A 小姐的父亲去世了，她又变得消沉抑郁，并且再次企图自杀！

故事到这儿就讲完了，各位，你们看过以后有什么想法？大多数的人会不会都认为：A 小姐这个样子只能说明她是个情绪很不稳定的女人，由于失去所爱的人而过分悲伤？

但这个解释对我而言有些说不通，因为故事中还存在着诸多疑点：

① 既然她不爱第一个丈夫，又何必对他的死如此悲伤、自责以致后来选择自杀呢？

② 是什么让她又爱上了一个和前夫非常相像的人？

③ 婚后日子本来不错，为什么父亲的死却让她再次想到自杀？

带着这些疑问，我开始了对 A 小姐的深层次分析。

众所周知，A 小姐与第一任丈夫结婚并非出于本人的意愿，而是被迫听从父亲的安排。我们能不能假设一下，她之所以感到是自己害死了第一任丈夫，乃是由于她其实怀着一种强烈的愿望。什么愿望？就是在那种情况下，任何人都可能在潜意识里产生的想法——她希望自己的父亲死去。

她对父亲既爱又恨，恨是因为父亲的专制竟达到逼迫她陷入悲惨婚姻的地步，爱是因为那毕竟是自己的亲生父亲，无论如何也是不忍心伤害他的。于是她把对父亲的恨和想杀了他的想法转移到了第一任丈夫身上，没承想，第一任丈夫真的那么快就死了。因为邪恶的愿望被满足，良心让 A 小姐产生罪孽感和被杀的愿望，于是她开始抑郁，接着是用动手术的方式自残，最后则是更为直接的自我惩罚——自杀。

第一个问题分析完毕。

自杀未遂，A 小姐被迫继续采取一种赎罪的方式来缓和她的罪恶感。于是她去接近另一位象征其父亲及第一任丈夫的人——她的第二任丈夫。结婚的想法是她提出来的，她要求他娶她，就好像在说："请把我拿去，再试一遍！我要重复一次我与男人的关系而不至于杀死他。我并非索命鬼，我不希望你死，我希望自己能服从你，你高兴拿我怎么样就怎么样！"

非常碰巧，第二任丈夫是个相当严厉的家伙，他无意中竟以一种看似粗暴的方式满足了她受惩罚的需要。

第二个问题分析完毕。

跟第二任丈夫在一起 A 小姐非常幸福，直到她的父亲死去——父亲才是她爱的最初对象，同时也是她潜意识里真正深深憎恨的对象。父亲的死再次唤醒了她的失落感，同时也唤醒了她渴望父亲去死的罪孽感，也正是这种罪孽感迫使她旧事重演，再次企图自杀。

第三个问题分析完毕。

有时候良心的力量是如此巨大，不可通融，性子执拗，想与它扯平或者谈妥都是压根儿不可能的。因此由良心衍生出的"被杀的愿望"也力量非凡，才让 A 小姐这般生不如死。

已经说完了"杀人的愿望"和"被杀的愿望"，但是说到底，如果我本人不想死的话，无论你们两个家伙再怎么喊打喊杀也是没有用的。现在终于可以引出自杀原因的本尊，也是大前提——死亡本能！

长期以来，人们一直习惯地认为，求生是人的一种基本本能，而现在精神分析学家却发现，求死也是人的一种基本本能。如果说生的本能是让无生命的物体变为有生命的物体，那么死亡本能就旨在使人回到生命诞生之前的无机状态，一切皆空。

人的生殖本能保证了生命的延续，而死亡本能却在另一边不停地销毁生产的一切，大有佛教中"生死轮回"的意味。这同时也表明了任何生物个体都不能长生不死，暗示着宇宙中的生命现象有可能回归到无机状态和死寂状态中去。

用这种死亡本能的倒退性、回复性和回归性来解释精神分析学中的"强迫性重复原则"就再合适不过了。

何为"强迫性重复"？是指人固执地、不断重复某些似乎毫无意义的活动，或重温某些痛苦的经历和体验。精神分析注意到了人有遗忘痛苦、摆脱不愉快记忆的倾向；同时，人也有反复重温痛苦、持久地沉浸在痛苦中的倾向。

例如：

某些男人或女人总是反复不断地陷入恋爱事件，其中每一桩风流韵事都经历过大致相同的阶段，达到大致相同的结局。

一个擅权者几乎用了毕生的精力把另一个人抬到显赫的地位，然后他又总是亲手颠覆这个人的地位，并抬举另外一个人来取代先前那个人。

甚至在儿童身上也可以看到类似的情形：婴儿反复不断地把玩具扔掉，拾起，再扔掉……这就是强迫性重复，是一种人类行为进化中的消极倒退。

现在回头看一眼前面我讲过的内容，即"杀人的愿望"、"被杀的愿望"以及"死亡本能"，有人可能会有疑惑：为什么有的人再怎么恨一个人也不会杀了对方，或者因为杀不掉对方而自杀？又或者，为什么有的人不管受了多么大的良心谴责和打击也不会选择自杀？

答案很简单，就是因为还有"生的本能"存在！生的本能就像是一位无微不至、耐心十足的阿姨，当调皮的"杀人的愿望"、"被杀的愿望"和"死亡本能"出来捣蛋时，她总能用她那温柔的手安抚与化解一场又一场潜在危机。而对那些自杀的人来说，就是赶上"生的本能"的更年期了。

到这里，关于自杀原因的全部分析我已讲完，如果这时再出现一个有关自杀的报道，不知道大伙会不会重新审视其中对自杀原因的解释呢？

说到这儿，按理这篇就差不多了，不过我对自杀这个话题太感兴趣了，所以咱们下边继续。

　　有一天晚上我看到一个新闻，就是"重庆红衣男孩事件"。

　　2009 年 11 月 5 日中午十二时许，五十四岁的农民工匡纪绿从外地赶回家为住校的儿子送钱。他回到家时发现，家里正门、侧门紧闭，平时从来不开的后门却虚掩着。从后门进去，发现屋内一片狼藉，孩子的衣服丢得到处都是。走进正屋，灯还开着，匡纪绿一眼便看见儿子穿着大红色的裙子，裙子上还别着白花，全身被绳子结结实实地捆着，两脚之间挂了一个大秤砣，双手被捆着挂在了屋梁上，早已死亡多时。后来检查尸体时发现，儿子竟然贴身穿着他堂姐的大红游泳衣，而自己的衣服却一件没穿……

　　有人看到这儿也许会开始兴奋：作者你接下来是要分析红衣男孩的死亡原因吗？

　　我想说的是，其实我也认为他绝对不是自杀的，但是他的这种死亡方式背后的意义，却勾起了我对自杀方法意义的探索兴趣，至于"红衣男孩"的死，我相信终有一天会有人来揭开这个谜的。

　　从统计数字上看，人们普遍认为，男性更喜欢开枪自杀，女性则更喜欢服毒、跳河或者用煤气自杀。这些方法显然与男性和女性在生活中的角色有关：男性在生活中扮演了积极主动的进攻者角色，女性则扮演了消极被动的接受者角色。什么情况下女性会使用男性的方式去自杀呢？我在这里举两个例子，大家自己从中一探究竟。

　　《南京大屠杀》的作者张纯如女士于 2004 年 11 月 9 日开枪自杀，年仅三十六岁。她在用文字记录这段惨绝人寰的记忆时，其实也是将当年那段悲痛历史在自己心中真实重演了一遍，可想而知那种无处倾泻的巨大痛苦是需要多大勇气才能一人承受住，所以……

　　一名女性联邦探员，有一次跟同事去一处专门虐杀女性的变态杀人狂的窝点进行取证。刚进门，所有的男同事就都退了出来，躲到一旁干呕，因为现场实在太血腥太恶臭：各种女性残尸，腐烂的、没腐烂的，以及恐怖的作案工具遍地都是。这时屋内只剩我们这名女性探员一个人对证物进行分类编码和整理，完事后她像平时一样自己驾车回家，然后在车内饮弹自杀。

很多时候，人们会自然而然地以为，一个一心寻死的人会选择最容易、最方便、最少痛苦的方式来自杀，然而很多数据统计表明：每年有成百上千的自杀者，却采取了最困难、最痛苦、最不寻常的方式，几乎没有一种可以想象出的自杀方式不曾被践行过。

我们都知道胎儿在母体时，是浸身于子宫的羊水之中的。投河而死的做法就能说明，死者在潜意识里希望能够重新回到母亲的子宫之中，重新回到那种幸福安宁的状态。但是诸如投身炼钢炉或者火山口的做法显然要比被水淹死更痛苦，也更富有戏剧性，他们为什么要选择这样可怕的地方来被"淹死"呢？只能说明一点：他们可能背负着强烈的罪孽感，他们在自杀的同时也是在完成对自己的救赎。

美国著名的魔术大师胡迪尼特别喜欢从种种看似不可逃脱的条件下脱身而出，包括紧身衣、各种手铐、脚镣、囚室、木箱、绳索、玻璃盒、锅炉等等。他的拿手好戏就是从埋在地底的棺材中逃出来，或在水底挣脱镣铐。但是对他进行过调查的人发现，胡迪尼在潜意识中对他的母亲有深深的依恋，而这种依恋极大地影响了他整个人的发展。他表演的每一个绝技，几乎都象征着一种假自杀。所以大家从这儿也能看出那些喜欢把自己困于某处而死的人，其实骨子里都或多或少有着一定的恋母情结。

让卡车、火车从自己身上碾过，这就表现出死者以一种消极被动的方式屈服于一种不可抗拒的力量。这种自杀方法也进一步印证了"被杀的愿望"的存在！

那么现在再来看海子卧轨前写的那首《面朝大海，春暖花开》：

> 从明天起，做一个幸福的人
> 喂马，劈柴，周游世界
> 从明天起，关心粮食和蔬菜
> 我有一所房子，面朝大海，春暖花开
>
> 从明天起，和每一个亲人通信
> 告诉他们我的幸福

那幸福的闪电告诉我的

我将告诉每一个人

给每一条河每一座山取一个温暖的名字

陌生人，我也为你祝福

愿你有一个灿烂的前程

愿你有情人终成眷属

愿你在尘世获得幸福

我只愿面朝大海，春暖花开

此时，我在诗中再也找不到原先曾感受到的爱、暖、希望、温情与励志，相反它现在更像是一份遗书。尤其后面的那几句："陌生人，我也为你祝福……我只愿面朝大海，春暖花开。"可能，这就是海子最后的告别。

最后我们看看类似用烧红的铁棍插入喉管的这种自杀方式的意义。

许多医生都感到奇怪：为什么有的服毒自杀的人，往往吞下的并不一定是能够致命但是肯定会带来巨大痛苦的东西，比如盐酸。

举一个案例：

曾经有一个病人很平静地喝下纯盐酸，然后立刻就呕吐了。没过多久，他又企图再次用这东西自杀，而这次是用啤酒将它稀释，但还是没死成，可是因为反复吞食盐酸，他的食道被烧伤，引起食管狭窄。他需要进行长期的手术，可是只要这种痛苦的手术仍在继续，他就显得很高兴，精神振作，并拒绝任何精神方面的治疗。最后，他出院了，但大约一年后，他吞下爆竹自杀身亡！

来分析一下这个案例：这种靠吞食物体自杀的方法可能跟强烈的口唇欲望有关。咱们前面已经介绍过了"口唇期"，知道可以通过口来表达爱，表达需要，并获得快感，就像儿童的吮吸拇指与成年人的口交。吞食物体自杀的人可能就是因为早期的"口唇期"发展受阻或受到过度的制约。

比如，一个爱说脏话的孩子，他的母亲制止他这种行为的方式就是用肥皂使劲地擦洗他的嘴巴。那么当他长大后，一旦犯错或良心受到谴责，他便会用类似的却更为极端的方法（吞火棍和硫酸等）来为自己洗脱"罪行"，释放内心毁灭的能量。

这就可以解释为什么那些人选择吞下在我们看来很不可思议的东西来自杀。

说到底，研究自杀不是为了更好地自杀，就像我们研究疾病不是为了得病一样，研究死亡是为了更好地活着。因此了解了自杀的成因也就了解了该怎样有效预防与阻止自杀的发生。

当一个人试图杀掉另一个人的时候，我们会考虑把他关起来，限制他的人身自由；同样，当一个人执意要杀掉自己的时候，我们也应该把他关起来，限制他的人身自由。因为一门心思寻死的人如果不能投河自尽的话，他完全可以转用其他的方式，比如说割脉或者服药。不知道你们有没有到过精神病院，那里三层或者二层以上高度的楼层的窗户上都装有间隔很密大概仅能伸进一只女性手臂的铁栅栏。实际上，每天都有无数本来可以避免的自杀最终还是不幸地发生，原因就是这些人的朋友、亲属和医生对他们太过掉以轻心。

关得了一时也关不了一世，这种强制性的方法仍然是治标不治本的。我们这时就可以利用先前研究过的"杀人的愿望"来阻止自杀行为的发生。

我们说了，一个人因为仇恨所以想杀人，一旦杀不成对方就会转而回来杀掉自己，更确切地说是自己身体中的对方。

有人说过，和平主义者常犯的错误就是忽略了尚武精神中值得推崇的成分。只是在和平年代，大家可能再也无法依靠暴力的手段来发泄内心的仇恨了。

这里，我也终于懂了张纯如女士，因为她所接触的是曾经的国仇家恨，而现今社会已不再为历史买单，也就是说，你是愤怒了当时的愤怒，却不再有当时的环境供你来发泄。

就像现在哪个人说，我失恋了我被劈腿了，可能会有一堆人围上来听你倾诉，整个社会也是支持你的。但是如果哪个人说，我被历史惹火了，我为某个民族感到愤怒，难道还能让你现在扛起枪去战场上打一仗吗？不可能。因此没人会理解你的这种痛苦，应该说你的这种痛苦没有赶上时代的潮流，非常落后！这正是张纯如女士最终自杀的原因之一，也是我本人读抗战题材作品后会感到抑郁的缘故，因为这份痛苦无处安放。

不能用暴力的方式来解决怎么办？我们可以采用其他变相的方法，比如运动、游戏以及许多爱好中有攻击性的一面（例如园艺爱好中的除草）等。

参加一些大型的体育运动，如橄榄球、足球，人们能够在激烈的碰撞、抢夺与冲突中很好地释放自己体内的攻击性能量。

众所周知，游戏是经过伪装的战斗。对一个深深被仇恨压抑的人来说，他更需要的是一种竞技性的游戏，这样可以通过战胜游戏中的对手，来达到毁灭能量的发泄。有很多方法可以用来强化这种能量的发泄，例如在高尔夫球上写上所恨之人的名字，或在拳击沙包上画出痛恨之人的脸。

那些已经发展成职业的游戏也能被用来当作发泄的方法。比如凡·高把所有的热情都奉献给了艺术，把情欲投掷在画布上，尽管他后来的画变得越来越狂暴，越来越混乱，他割掉了自己的耳朵，最终走向毁灭，但作画本身可以说起到了推迟他自杀的作用。

还有一些精神病人，在病情最严重的时候曾将粪便涂抹在墙上，配以一些猥亵诽谤的文字来辱骂治疗他的医生和护士。但是在后来逐渐康复的过程中，他们开始用钢笔或铅笔书写出优美的诗歌。游戏确实在攻击性涂抹和创造性涂抹间搭起了一座桥梁。

以上是对"杀人的愿望"的利用，下面来说说怎样借助"被杀的愿望"的力量来预防自杀。

主要做的就是减少自我惩罚的因素，用什么方法呢？赎罪！

赎罪是个宽泛又笼统的概念，有些方式是合理的，有些又是不合理的，见下面这个案例：

一个人由于父亲的死而继承了一大笔钱，他把这笔遗产的一部分拿出来扶持科学研究或救济本地区的贫困户。他这样做也许只是因为他曾经对自己的父亲怀有隐藏的敌意，而现在却从父亲那儿得到一大笔钱，由此需要补救这种罪孽感或者内疚感。然而这种补救无论如何都是有利于许多人的，并且他也能从中得到一种真正的满足。

但是如果受这种罪孽感的驱迫，他以一种过度的方式进行赎罪，捐出大量的钱以致自己的家庭在经济上失去保障，那他这种补偿和赎罪的行为就是不合理的，赎罪的结果是造成了自我的毁灭。

有人做过研究，说当一个人在帮助他人的时候，体内会分泌一种物质，而这种物质正是长寿的源泉。所以说，助人为乐有时还真是：修身，齐家，治心，平自杀！

关于自杀的内容，这里我已全部讲完，但对死亡这个话题我还意犹未尽，那就再多说一点吧。

在众人的意识里，死亡往往代表着一切的结束，而在宗教中，死亡却不是一切的终结，而是下一个轮回的开始。这也是为什么有的绝症患者在得知自己身染重病将不久于人世时，通常都会开始信奉一门宗教，归根结底就是源自内心对死亡的恐惧！

前面提过"生死轮回"，佛教有这样一种说法，众生皆在六道（天、人、阿修罗、畜生、饿鬼、地狱）中轮回不息，按照自己的身、口、意所造作的业，承受着永无间断的因果报应，永远有无法摆脱的烦恼。所以佛教把超脱生死轮回看成一件大事。其实佛教一切修行都是为了跳出轮回，超脱生死，达到涅槃的境界。追求涅槃的境界，也是修行者的最大愿望。

但是，在这里，人们往往把"涅槃"误解为一种死亡后的状态。实际上，涅槃是一种心性的状态，即使活在世间也能同样做到涅槃，达到自行清净的境界！

这些其实只是告诉我们，活着时不用心，不善待自己的人生，不珍惜眼前人眼前物，难道还要等到临终之前才为之做徒劳的悔恨吗？

最后，我想拿出一个我非常喜欢的佛教故事与大家分享，同时也算为本篇作结。

一天，佛陀看到弟子们乞食归来，便问："弟子们，你们每天忙忙碌碌托钵乞食，究竟是为了什么呢？"

弟子们双手合十，恭声道："为了滋养身体，以便长养色身，来求得生命的延续和解脱啊。"

佛陀环视弟子说："你们说说肉体的生命究竟有多长久呢？"

"佛陀，有情众生的生命，平均起来有几十年的长度。"一位弟子充满自信地回答。

佛陀摇了摇头，说："你并不了解生命的真相。"

另一个弟子见状，充满肃穆地说道："人类的生命就像花草，春天萌芽发枝，灿烂似锦，冬天枯萎凋零，化为尘土。"

佛陀露出了赞许的微笑，说道："嗯，你能够体察到生命的短暂，但对佛法的了解仍然限于表面。"

又有一个无限悲怆的声音说道："佛陀，我觉得生命就像是蜉蝣一样，早晨才出来，晚上就死亡了，充其量只不过一昼夜的时间！"

"哦，你对生命朝生暮死的现象能够观察入微，对佛法已有了深入肌肉的认识，但还不够。"

在佛陀的不断否定、启发下，弟子们的灵性被激发出来。

有一个弟子说："其实我们的生命和露水没有两样。看起来不乏美丽，可只要阳光一照射，一眨眼的工夫它就消逝了。"

佛陀含笑不语，弟子们更加热烈地讨论起来。这时，只见一个弟子站起身，语惊四座地说："佛陀，依弟子看来，生命只在一呼一吸之间。"

佛陀点头道："不错，人生的长度就是一呼一吸，只有这样来认识生命，才能真正地体会到生命的精髓。你们要切记，不要懈怠放逸，以为生命很长，像露水有一瞬间，像蜉蝣有一昼夜，像花草有一季，生命只是一呼一吸！"

第十篇

性别认定障碍：

我本是男儿郎，又不是女娇娥

上帝不仅创造了亚当和夏娃，其实还创造了当娃、亚当当和夏娃娃。怎么回事呢？事实上世间存在着五种性别：亚当（男性）、夏娃（女性）、当娃（雌雄同体）、亚当当（男两性人）、夏娃娃（女两性人）。

一天早晨，我像平时一样起床穿衣服，发现胸没了！再往下一瞅，自己多出了个"弟弟"，我竟然一下子从女人变成了男儿身！然而这只是一切的开始，接下来，我不得不用这个身体开始一段光怪陆离的"女心男身"生活。

　　第一日：

　　还好，除了注意我的女人多了以外并没有太多异样。但是，有一个地方明显不同了，上厕所的地方变了！可话又说回来了，我还要什么厕所啊。

　　第一个星期：

　　不好，我感到非常不好。还有一点忘了告诉大家了，我的"男真身"是个正值壮年的小范·迪塞尔。于是以前从未有过的问题出现了：每天早晨我都要晨勃一次！

　　什么是晨勃？就是男性在清晨四点至七点时，阴茎会无意识地自然勃起，不受情景、动作、思维的控制。这个东西可比"大姨妈"来得起劲多了。天天因为这个睡不了懒觉，一个星期下来我就有了俩大黑眼圈……

　　第一个月：

　　抑郁了，我开始抑郁了。闺密小Q这几天突然跟我表白：愿得一心人，白头不相离。而我挚爱的男人同时也表示：以前为了兄弟你，我可以两肋插刀；但是现在为了小Q，我愿意插你两刀！

　　世界一下子变得乾坤颠倒，天旋地转，我不禁悲从中来，放声大喊道："妈妈，再生我一次！"

　　…………

　　以上只是我的一个梦。

　　梦里不知身是客，一身惊汗，但是它却引发了我对一个问题的思考：

是什么让你认为自己是一个男人或是一个女人呢？

显然，这和性唤起模式并没有太大关系。

晨勃是性功能正常与否的重要指标，有的男人甚至一日不"勃"便担心自己阳痿了。但是对梦里的"假男人"的我来说，晨勃是何等别扭，我不会因为有它的存在就觉得自己是个男人。同理，我也不会因为自己的身体对女性有性冲动就觉得自己是个男人。

和生理结构呢？也没有太大关系。

要知道梦里我可是真正的男人，但又有什么用？当曾经的闺密向我示爱，曾经的爱人跟我抢女人要大打出手时，我是多么悲痛欲绝……

那答案到底是什么？

先来看看乔乔的故事。

大家好，我叫乔乔，今年十七岁了。虽然我是名男性，但打从记事起我就一直把自己当成一个女孩，直到初中之前都还保持着女性的装扮，平时也只钟情那些女孩子喜欢做的事，比如织毛衣、刺绣和煮饭烧菜等等。

我的爸爸是名船长，他长年漂泊在外，和我待在一起的时间非常有限，剩下的时光都是妈妈、姨妈和姑姑陪我度过的，可以说我是在脂粉堆里长大的，生活得很开心。虽然有时表哥他们会嘲笑我怎么不参加男人的活动，连足球都不会踢，说我是个"伪娘"！可我才不把他们当回事呢，我乐意这样！

我的朋友也几乎都是女孩，她们和我很聊得来，我是她们的闺中密友。大约十二岁的时候，我开始有了性幻想：我把自己想象成女性的样子来与英俊的男人做爱。后来随着年龄的增长，大家性别分立得越来越明显，很多人开始嘲笑和讽刺我的女人气。我在正常的人群中显得是那么扎眼，感觉自己无处遁逃。终于有一次，我彻底忍受不了这种受尽排挤的痛苦生活，离家出走，打算找地方自杀。幸运的是，我又被家里人找了回来，只是从此我就不再去上学了……我觉得自己是一个陷入男人身体中的女人，我希望能通过手术变回女人。

通过乔乔的故事，我们终于可以找到问题的答案了，能够判断我们性别的东西，不是性唤起模式，也不是生理结构，说到底那是一种深层的个人感觉，即性别认定。

如果一个人的生理性别和他的心理性别不一致，就像乔乔这样，在他男人的生理性别下包裹着女人的心理性别，就会造成性别认定障碍，也可以说是这个人的灵魂被安错了身体。

性别认定障碍是相对比较罕见的，注意这个用词——罕见，就是比少见还少见：男性的发病率会因地区不同而不同，通常是三万分之一左右；而女性就更少有了，只有十万分之一至十五万分之一。

性别认定障碍必须与异装癖相区别，我们来看下面这位小米的故事。

大家好，我是小米，今年三十五岁了，是一名电子工程师。既然选择走出来，我也就不藏着掖着了，要开诚布公跟大家交代发生在我身上的一切！

我有一个爱好，就是喜欢穿女人的衣服。有一阵子我甚至把自己打扮成女人的样子跑到公共场所转悠，后来担心被熟人拆穿，只好作罢了。我老婆知道我有这个毛病，因为我穿的衣服都是管她借的，呵呵。她挺开明的，她也建议我就待在家里做这些好了，不要出去冒险，万一被逮个正着呢？因为担心被发现，她还帮我跟家里瞒着这件事。就这样子过了很多年，家里还算风平浪静，相安无事。

可是最近发生的一件事对我触动很大，让我下定决心要改掉这个毛病！什么事呢，我等会儿再说，我先来说说我染上这个病的经过。

我们家有五个孩子，我是唯一的男孩，可以说我是在香粉堆里长大的，家里的浴室也经常晾满了女性的内衣。大概在我十几岁的时候，有一次，我偷偷拿走了其中的一件，然后试穿，我还记得那是一条女人的内裤。这时，我的一个姐姐突然走了进来，她看到我的举动后说我是"社会渣滓"，说完就走了。我想她本意是想羞辱我的，但没想到这反而带给我无比的性兴奋，随即我便开始手淫，而且那次达到的性高潮是我整个青年时代最强烈的。

其实，直到现在我也不觉得穿女性内衣自慰有任何错误，因为这并不影响我的婚姻，我和我爱人有规律的性生活，而且还很和谐。

所以我本来不打算放弃的，只是……像我上面说的，最近发生了一件事：有一次当我在屋里像往常一样穿着我老婆的内衣沉浸在性幻想之中时，我几岁的女儿突然闯了进来！还好我当时反应快，一个打滚就钻床底下了，否则我还真不知道该怎么收场，后果又会怎么样。

何为异装癖？异装癖就是异装恋物癖，它是恋物癖的一种。异装癖是指人（通常为男性）通过穿戴异性的衣物或饰品来产生性唤起。它和恋童癖、露阴癖、恋尸癖、恋物癖等都是性欲倒错。

什么是性欲倒错？就是不该引起你性冲动的事物却让你冲动了，你的性唤起用错了地方，比如不是对人而是对物，这就是性欲倒错。而性别认定障碍是一种性别倒错，指的是对自己性别角色的不适应，生理性别和心理性别不一致。异装癖患者的主要目的是得到性满足，而性别认定障碍患者的主要目的不是性欲方面的，而是希望公开地、完全地以异性的方式生活。

异装癖还必须与两性人，也就是我们说的阴阳人相区别！

上帝不仅创造了亚当和夏娃，其实还创造了当娃、亚当当和夏娃娃。怎么回事呢？事实上世间存在着五种性别：亚当（男性）、夏娃（女性）、当娃（雌雄同体）、亚当当（男两性人）、夏娃娃（女两性人）。

亚当和夏娃就不用说了。雌雄同体，这里指的是真的两性人，也就是出生时既有睾丸又有卵巢，在真两性人的身上，两套生殖系统都发育完全。

男两性人是指生理上具有更多的男性特征的两性人，他们身上有发育完全的睾丸，但女性的那一部分（卵巢）发育不完全。

女两性人是指有完整的卵巢，但只有部分男性生殖器的人。

在这里，性别认定障碍患者和两性人间的区别是明显的：前者并没有先天的生殖器异常和躯体畸形，而后者尽管自身的性别是混合的，但他们从出生起就被"认定"为某种性别，本身并不会为之感到混乱。

　　同性恋行为现在越来越多地受到接纳和认可，可以说已经被普遍认为是一种合理的性行为形式，甚至在许多国家，同性恋婚姻已经合法化。大家对同性恋行为的态度转变，可能与法律和心理健康专家们的观点发生很大的变化有关：1968年出版的《精神疾病诊断与统计手册》中，还把同性恋行为列入性偏离症状；待到十九年后，1987年出版的《精神疾病诊断与统计手册》修订版本中，"同性恋行为"这一词条已不再被纳入其中，也就是说同性恋行为不再被认为是精神病症状。

　　那到底是什么原因引起了人类的这种性取向的变化呢？许多相关研究还在进行之中，目前还没有肯定的说法，但是下面还是附上几种比较主流的观点为大家做个参考。

　　第一，从精神分析的角度来说，男同性恋者很有可能在童年时期与他们的母亲的关系尤其密切，而与父亲却存在着某种程度上的疏远。最终的结果就是，那些男孩对母亲的认同度高于父亲，呈现出一种高度的女性认同感。这么说大家可能还不明白，那么，你们身边有没有玩得很好的异性朋友，可以跟他（她）无所不谈无话不聊，但正是由于太熟了反而爱不起来？那么男同性恋也是这样的，他们对女性的高认同感，或者可以说是深层熟悉度，反而让自己觉得和女性相恋非常别扭，甚至像是在乱伦。

　　第二，行为主义有一种说法是，那些发现自己初次同性恋经历是非常美好的，而初次的异性恋经历却是危险、尴尬和令人不满的人，就很可能想要寻求进一步的同性恋经历，同时还会排斥身边发展异性恋的机会。令人满意的同性恋经历越多，他们就会越继续自己的同性恋行为。

　　但是这种说法对大多数男同性恋者来说很没有说服力，因为很多男同性恋者表示：在谈恋爱之前就已经很清楚自己的性取向了。

　　可是，这种说法却更能被女同性恋者所接受，因为有证据表明，相当大比例的女同性恋者都经历过一些令她们感到害怕或不悦的早期异性恋历程。其中很多人都提到过，在童年时自己曾长时间地受到年长男性的性虐待，或者曾经被强迫过早地进行异性性行为。相比之下，男同性恋者对早期曾发生的与异性间性经验的回忆，却是充满爱意、兴奋甜蜜的。

第三，基因，还是基因！同性恋者的基因会存在家族遗传性，比如你的亲友中同性恋的比例比较大，那你成为同性恋的可能性也会比较大。尤其对一些家庭来说，同性恋的根源可以追溯到几代之前，这样就有了"同二代""同三代"之说。

遗传基因确实可能会影响人的性取向，就如同它们可以影响人的身高、肤色和其他特点一样，但是同性恋行为不像异性恋行为那样可以繁衍，因此我们可以预见，这种同性恋的遗传特质会变得越来越稀少，最终可能会随着时间而逐渐消失。

前段日子闹得沸沸扬扬的某明星两口子对同性恋者的抨击事件，让我想起心理学上的一个说法，叫"同性恋恐惧"。何为同性恋恐惧呢？就是同性恋恐惧者可能会错误地相信：和异性恋男人相比，男同性恋者更可能会虐待儿童，他们不会成为好父母，并且他们的孩子长大后也有可能会成为同性恋者；同性恋者的性取向是不稳定的，他们的关系也是暂时性的，并且仅仅是对性关注而已；他们对艾滋病的传播负有责任……由此可以看出同性恋恐惧是非理性的，因为这是人们基于一些有很大争议的问题所形成的偏见。

正是因为有了这种偏见，同性恋恐惧者常会对同性恋者恶语相向，或者进行肆意骚扰甚至是粗暴的身体攻击。他们本身往往也具有僵硬的人格，不善于通融，不能容忍任何有悖于他们认为是常理的事情发生。其实，同性恋恐惧者本身通常没有和同性恋者有过真正的直接接触，他们只是固执地认为同性恋者是危险的、堕落的和古怪的，并且不顾同性恋者本身的抗议，一反到底。

之所以提到同性恋，我是想说，性别认定障碍还必须有别于同性恋中具有女性化行为的男性（比如小攻与小受中的小受），或某些具有男性化姿态的女性（比如小T和小P中的小T）。因为男同性恋者并没有那种女性误入自己身体的感觉，也没有想变成女性的意愿，反之女同性恋者亦然。

这里就有了一个非常有趣的现象：有些男性别认定障碍患者，通过手术得到他们梦寐以求的女性身体后，却仍能像以前一样深爱着自己的妻子，并且继续维系家庭的和睦。这是为什么呢？来看看布鲁斯的故事。

布鲁斯"小姐"曾在二十世纪九十年代早期荣获全美男子健美比赛冠军。那时的他长相英俊，有一身健硕的肌肉，已婚并且育有两个孩子。不过在过去的十九年中，布鲁斯先生却在不断努力要让自己变成一个"女人"。他通过注射大量雌性激素，做胸部和面部的整形来改变外貌。但是变性并没有给"她"的家庭带来任何改变，夫妻还像以前一样情深意切，就是因为"她"在变成女儿身的同时也随之变成了一个"女同性恋者"！看来，布鲁斯对妻子的爱真的做到了至死不渝。

2011年的《舞林大会》大家都看了吗？我真是破天荒地把每一个镜头每一处细节都全程跟了下来。实话说我其实对它早就不感兴趣了，只因一个人的到来，竟让我把它上升到了生活乐趣的高度，那个人就是——金星！

在这里我丝毫不想掩饰自己对她的喜爱，之所以把每一个选手的表演都看得那么仔细，为的就是能够更好地理解金星的每一句点评，这样来说我也算是"金粉"一枚了。

而金星老师特殊的变性人身份（男变女）在这里也就无须我多说了，大家应该都有所耳闻。

在一些文化中，如某些部落里，有性别认定障碍的人常常被当作"巫师"或"占卜师"，因而被认为是智慧的化身。他们的身份不仅被大家接受，并且因其在男女沟通交流中起到了重要的作用而备受尊重，就像金星说过的："男人是怎么回事我太了解了，因为我自己就是潜伏在男人世界二十八年的一个卧底！"但是与这些人受尊重的情况相反，在我们这里，在我们的文化中，社会对性别认定障碍者的容忍度还是相对较低的，甚至他们会经常无端受到打击与攻击。

好了，说到这里该为上边做一个小小的总结了。我已经讲过了三种"女心男身"的情况：我的梦、乔乔、布鲁斯。为了达到阴阳平衡，咱们接下来再来说说"男心女身"的情况。

"妮大叔"的故事。

妮妮是一名三十多岁的熟女。可是如果听到你这样形容她的话，她会很不高兴，不是因为年龄，而是称呼。妮妮更爱被人称作"大叔"，因为她坚信自己是个男人已经有好长一段时间了，她希望自己能够摆脱所有的女性特征，拥有男性的身体，这样才好堂堂正正地做一个男人。

妮妮回忆说，自己在童年时除了迷恋一个体格强壮能说会道的男孩并和他来往密切以外，很少和其他的小朋友交往。那时起她就开始穿父亲的衣服，但是并没有因为穿着异性的衣服而产生性唤起和性幻想（这就说明妮妮不是异装癖）。十二岁时，伴随着青春期的开始，妮妮的能够展现出她男性化转变趋势的恋爱之旅也随之开始了。

第一段感情：

从性萌动开始，妮妮就迷上了那些身材纤瘦的具有女性外表的男生，而在她十六岁这年，她正好碰上了这样一个男人，于是妮妮坠入了爱河，并和对方相恋生活了两年。

第二段感情：

和"纤瘦男"分手后，妮妮迅速搭上了一位"男性双性恋异装癖者"——呵呵，这位仁兄也够复杂的。跟他在一起的时候，妮妮回忆说："我们的性行为包括服用毒品和'角色交换'，就是他穿成女人的样子而我则扮成男人的样子，并由我掌握性爱过程的主动权。我经常幻想着自己其实是个男人，与另一个男人在一起。"

第三段感情：

二十多岁时，妮妮遇到了一个纤瘦的、好看的男人。他们一见钟情再见倾心，非常合得来以至马上就结婚了，而且这场婚姻是成功的。只是在与老公的性生活中，妮妮总是幻想自己是个男人。

不久，随着夫妻俩生意的失败，他们的婚姻也破裂了。于是妮妮决定从此以后完全以男性的身份来生活，她决定摘除子宫和卵巢，开始接受激素治疗，服用睾丸素。

好了，"妮大叔"的故事我们就讲到这儿，下面，必须请出本篇的压轴案例了，它为什么那么重量级呢？看完后你就明白了。

下面开始一段来自天堂的回忆——被嫌弃的大卫的一生。

1965 年，我出生于加拿大，是同卵双生子中的一位，我还有一个双胞胎弟弟，叫小卫，我比他早出生了十二分钟。我们一直都在充满关怀和温情的家庭中幸福和健康地成长着，直到有一天，命运的转折点突然降临，从此我便陷入了万劫不复的境地。

那还是我七个月大的时候，妈妈注意到我和弟弟的"小鸡鸡"顶端的皮肤粘连在了一起，俗称"包茎"，这样导致我和弟弟在小便时非常痛苦也非常困难。于是，父母当机立断带我们去医院做手术。

这种手术是一种常规的医学小手术，医生和我父母都没有觉得它会造成多么严重的后果，事实也部分是这样的。弟弟的手术很成功，但是轮到我的时候，意外却发生了：医生失手了，我的"小弟弟"被灼伤得特别厉害，就像块烧焦的肉，恐怕这辈子都无法使用了，而到最后，它竟然干枯剥落了，我身上再也没有留下任何外生殖器的痕迹……

面对这个悲剧的现实，父母显然遭受了毁灭性的打击，等他们从悲痛中缓过神来，一心想着拼命补救的时候，结果却不容乐观。医生的建议是，只能给我造一个假阴茎，但是整个过程需要很多次复杂痛苦的手术，并且即使成功，它也只能用于小便。

听到这个结论后我的父母绝望了。就在这个当口，一个人出现了：曼尼博士。他是性发展和性别认定障碍领域里最有名的研究者和临床医生，他对我的困境表现出了浓厚的兴趣。于是在他的鼓动下，父母接受了另一个"补救"办法，那就是把他们生物学上的儿子大卫当作女儿大薇来养。

这个复杂的过程从我的阉割手术开始，手术中我被摘除了两个睾丸，同时还构造了外阴部，这时，我二十二个月大。

接着，家里人让我穿上女孩的衣服，留起长发，只能玩洋娃娃以及其他女孩玩具。并且他们忽悠我要粘着妈妈，要与学校里的小女孩玩耍。然而事与愿违，我一直很抗拒被强加的女性特质，我希望玩卡车和士兵玩具，我喜欢在学校和别人打架，拒绝女性服装。我甚至还坚持站着小便，虽然这样会尿我一身。我就是对这一切感觉很不对劲，但又说不出来到底是为什么。

在这期间我会定期和曼尼博士交谈，但是他从来不管发生在我身上的问题，不管我在适应女性角色方面遇到的困难，他只是坚称并到处宣扬我会是一个绝对成功的案例，这个案例说明使用行为技术和强大的环境力量，能征服我先天基因的因素，可以用性别再造术建立起一个成功的性别身份。

然而发生在我身上的事实是这样的吗？当我接近青春期的时候，我被要求接受阴道手术，来使我变成完整的女人。但是这时我开始强烈地抵制这样的手术，并对以前已经完成的改造深深厌恶。其实在生活中，我从未觉得自己是一个女孩，对我来说那是个错误的性别，所以不管医生或是任何人给我再大的压力，我也拒绝继续手术！

手术可以免掉，但服药就不同了。因为没有人告诉我这些药的真正作用，我只把它们当成一些维生素片，但实际上，它们是雌性激素。待我发觉真相时已经晚了，我的乳房开始发育，臀部开始成形，并且脂肪层也逐渐显露出女性特征。我真是厌恶死了自己身体的这些变化。

面对既成的事实，我走到了十字路口，一度试图妥协。生平第一次，我决定成为一个女孩！我开始穿女装，化妆，尽力修饰发型，佩戴和其他女孩一样的装饰，参加学校舞会时试着和男孩子跳舞……但是不行，这么做是徒劳的，我还是觉得自己真正的想法不是这样，我的灵魂被限制在了这具躯壳里，后来我患上了社交孤僻症和抑郁症。

在如此混乱和无助的情况下，我说服了家里人让我接受心理治疗，而那位心理治疗师彻底改变了我的生活：在是否接受手术或努力变得更女性化方面，她没有逼迫我做任何决定，而是鼓励我顺应内心真实的想法。因此，在与这位优秀的心理医生会谈了几个月后，在我刚满十四岁的时候，我决定中止自己所有作为女性的状态！

父母也意识到了这种局面的无法挽回，便把我的过去，我小时候的手术意外等全盘托出。我这才找到长久以来让我扭曲纠结痛苦的真正原因：原来我生来为男人！知道真相后我更加坚定了要做回男儿身的信念，我开始接受睾丸激素治疗，以使得我的外形看上去更男性化，接受人造阴茎移植手术，尔后我又把名字从大薇改成了大卫。

只是，性别上的反复和其中经历的困难，对我的心理造成了巨大的影响。无数次的手术后，我的抑郁症状加重，我觉得都是因为父母当初背叛了我才造成今天的局面，随后的一段时期内我两次尝试自杀。后来我把自己关到树林里的小木屋中与世隔绝，想要弄清楚自己生活中的问题。

情况在我接受了第二次阴茎移植后发生好转，因为这次手术不仅成功地增加了阴茎的功能、外观和敏感度，还可以做到让我像一个正常的男人那样去性交。

后来我走出了自闭的世界，遇到了一个女人，并爱上了她，第一次拥有了完整的性关系。我的爱人非常情深义重和善解人意，她无条件地接受了我和我的全部过去。不久我们就结婚了，婚后我度过了一段人生中少有的久违了的快乐生活，感到无比满足和幸福。

然而好景不长，几年后的一个春天，我的双胞胎弟弟小卫因为意外去世了，这对我造成很大打击，我的抑郁症复发了。后来我失业了，并被一个骗子骗去了大部分的财产。因为被骗，我的婚姻也开始不断出现问题。又过了两年，我的妻子提出离婚。分手的三天后，我在家中锯掉了一把猎枪的末端，将它含入嘴中……

现在终于可以看出大卫这个案例的经典之处了。因为它涉及了同卵双生子。大家都知道，同卵双生子的遗传基因是完全相同的，从而提供了这样一个独一无二的机会，观察在相同的生长环境中按不同性别养育的同卵双生子的差异！而大卫的案例则说明：人的性别认定是由深层次的心理认知决定的，而不是靠随意改变身体结构就能改变人们对自己性别的界定；同时也说明，利用环境的影响来治疗性别认定障碍并不如想象中的那么有效。

但是大卫的案例是唯一的，大量被诊断为性别认定障碍的人表示，他们在出生时的生殖器官没有经过外科手术改变，后来也没有被按相反的性别来抚养，问题却仍然存在。那到底是什么导致了他们认为自己生错了呢？答案是：没有答案。

性别认定障碍的起源和影响因素在科学上仍然是个谜。但是没有答案并不代表没有合理的猜测，下面就为大家罗列出几条以供参考。

个体的基因性别在卵子与精子发生激情碰撞并受精的时候，就已经由从父母那里获得的染色体决定了，但是从那以后的性别发育会受到很多因素的影响。

在怀孕的最初几周内，胎儿的性腺和内外部的生殖结构是没有男女之分的。如果存在 Y 染色体，胎儿的性腺将分化成睾丸，睾丸分泌睾丸素，也就是雄性激素，然后胎儿会发育出男性生殖器官；如果不存在 Y 染色体，那么性腺就分化为卵巢，卵巢分泌雌性激素，然后胎儿会发育出女性生殖器官。

但是在胎儿发育的某些特定时期，他们雄性激素或雌性激素水平的轻微升高就可能会使一个女性胎儿男性化或使一个男性胎儿女性化，出现性别认定障碍。而这种激素水平的波动可以是自然发生的，也有可能和孕妇服用了某种药物有关。

以上就是关于性别认定障碍生物学因素的猜测。

在说下一个原因之前，我要先请出一个人。

他是谁呢？他也是行为主义学派的代表之一，世界心理学史上最为著名的心理学家之一 ——斯金纳，下面就有请斯金纳来做发言。

大家好，我是斯金纳。他方唱罢我登场，今天的故事里没有别的专家，那我就是这里最大的腕儿！作者找我来的原因很简单，就是想让我说一说我的"强化理论"。

何为强化理论呢？我认为行为之所以发生变化就是因为强化的作用，因此对强化的控制就是对行为的控制！首先要声明的是，我这里的"强化"可不单指奖励，它是个中性词。

因此我的强化就可分为积极强化和消极强化。

积极强化就是通过呈现愉快刺激来增强反应概率，比如说表扬。

消极强化就是通过消除厌恶刺激来增强反应概率，比如说免做家务。

这里的消极强化很容易让人误解成是惩罚，其实是不对的，惩罚不是与"消极强化"这个分概念相对的，而是与整个"强化"这个大概念相对的，于是惩罚也可分为积极惩罚和消极惩罚。

积极惩罚就是通过呈现厌恶刺激来降低反应概率，比如说关禁闭。

消极惩罚就是通过消除愉快刺激来降低反应概率，比如禁吃肯德基。

这样大家就能理解了，强化是增强反应的概率，而惩罚是降低反应的概率。

运用我的理论，可以解释一件事，即为什么说世上最有效的提高效率的手段是激励！

原因很简单，激励就是一种积极强化，它能提高人的行为概率。所以当你不满手下或者搭档的做事速度时，沟通的方式就显得尤为重要。不能一上来就劈头盖脸地责备和训斥，这里可以运用语言的艺术，先扬后抑。

比如说：那谁谁谁，我觉得你是一个很××（褒义词）的人，非常有潜质，但是这件事你处理得并没有完全发挥你的潜质，我觉得你还可以……

或者说：嗯不错，那谁谁谁，这件事你已经在××方面做得很不错，但我感觉以你的潜质还可以做得更好，你还可以……

除此之外，我的强化理论中还有大家非常熟悉的"普雷马克原理"，这个原理常被家长用来哄孩子。何为普雷马克原理？即用高频的活动强化低频的活动，比如说：用孩子喜爱的活动去强化他们参加不喜欢的活动，具体是"你吃完这些青菜，才可以吃火腿"；如果一个儿童喜爱看动画片，不喜欢阅读，那就让他完成一定的阅读后才准去看动画片；等等。

我想说的基本就是这些了，大家再见！

我们继续。

根据斯金纳的理论，下一个可能导致性别认定障碍的原因是：在大多数小男孩自发地表现出"女性化"的兴趣和行为时，他们的家人总是会及时地制止，随后他们的行为通常就会停止，也就是上边斯金纳提到的"惩罚"，借此减少行为发生的频率。然而，如果持续地有这类行为的男孩不被阻止，甚至有时受到鼓励，这就是种"强化"，会增加行为发生的频率，所以，这些男孩就很有可能因此出现性别认定障碍。

原因就讲完了。

当性别认定障碍患者真的认为他们生错了性别，他们会觉得唯一的解决方法就是在生理上也彻底变得和自己的心理一致，因此治疗这种障碍使用最广泛的方法就是性别再造术！

男变女的性别再造术的具体步骤是：

阉割手术（必须的）

声带缩短术（为了提高声音的音调）

乳房成形术（胸部移植）

喉结切削（缩小亚当的苹果）

鼻子整形术（鼻音手术）

电针除毛术（去除面部和身体的毛发）

演讲治疗（改变声音的声调）

这当中会遇到的最大挑战就是如何使男人真正获得女性的声音，因为声带缩短术效果不好，风险很大，还经常会失败，所以很多人会选择放弃这一项手术。这点从金星老师的身上就可以看出，她的声音还基本保留着男性特征。

女变男的性别再造术的具体步骤是：

使用移植的腹部组织再造一个阴茎，并使之形成管状（必须能够排尿，感受刺激和性交）

阴唇缝合

保留完整的阴蒂作为性刺激的感受体（这个很重要，女变男后的性交快感主要来源于此）

乳房缩小手术（备选）

再造面部毛发（备选）

在进行变性手术前，医生通常都会对性别认定障碍患者有一个缜密严格的考察阶段，让他们完全以异性的身份生活一至两年，再根据他们的适应情况考虑要不要实施手术。因为性别再造术是不可逆转的，并且是昂贵的，几乎所有的医疗保险都不包括这种手术。有极小部分的病人还会因为后悔或生活适应困难选择自杀。

性别认定障碍部分至此我已全部讲完，我想起了《霸王别姬》里程蝶衣的那句话："我本是男儿郎，又不是女娇娥……"

第十一篇

精神分裂（上篇）：

困在躯体内的痛苦灵魂

我注视同事的时候，感觉他们的脸是扭曲的。他们的牙齿就像随时会吞食我的獠牙。大部分时间里，我不敢去看其他人，唯恐自己被吞食掉。疾病的折磨从来没有停止过。不管是在清醒的时候，还是在熟睡的时候，我都感觉自己正被吞食，被魔鬼吞食。

作者："嘿，你好！这位戴帽子的先生请留步，我听说你总是在帽子里藏片铝箔，为什么啊？"

帽子先生："嘘，小点声，不要被他们听到！"

作者："谁？"

帽子先生："火星人啊，我装上铝箔是为了不让他们破译我的想法！"

…………

作者："嘿，坐在那边的女士你好！干吗哭丧个脸？"

静坐女士："Bitch（婊子）！"

作者："哦，说脏话可不好。"

静坐女士："我刚才听到上帝的声音，他说我是个婊子！难道你没听到？"

…………

作者："你好这位男同学，能和你聊两句吗？"

男同学："什么事不能放到以后再说？什么事不能？"

作者："你很忙吗？"

男同学："我现在正在杀掉我的父亲……"

作者："呃，现在吗？为什么要这么做？"

男同学："我才是这个世界的统治者，他不经我允许就发动了第二次世界大战！"

…………

各位观众朋友们大家好，我现在正身处本市最有名的"精神病大乐园"

中，为大家做现场报道，以上就是我随机采访的几位"园友"，下面我将与"园长"做进一步的沟通。

园长："你好啊！"

作者："你好你好，真是身临其境才能真切体会到你这里的不同凡响啊！敢问园长你这'精神病大乐园'里都是精神病人吗？"

园长："没错，确切地说，我这里是清一色的精神分裂症患者。"

作者："哦，队伍很整齐划一啊。那入园标准是怎样的呢？"

园长："我这里门槛高着呢，一般人可进不来，最起码你得具备一些精神分裂症的基本症状才行。"

作者："哦，这么说我现在想来这里还不行了。"

园长："你指日可待。"

作者："呃，好吧，不说这个。我想问问，咱们这儿的入园标准，就是你说的那些症状到底是什么样的？"

园长："这个好办，为了回答你这个问题，我专门指派了人手出面供你采访，你看怎么样？"

作者："园长够义气！"

园长："呵呵，这没什么。来啊，给我放出三十六天罡七十二地煞！"

作者："呵呵，这么多？太有场面了。"

园长："当然没有这么多，假装一下不可以吗？

"好的，下面有请天魁星——呼保义宋江隆重出场！"

作者："大哥好！"

宋江："你怎么在这儿？"

作者："……"

宋江："你来得正好，孙二娘，帮我盯着点周围。"

作者："呃……好吧，孙二娘就孙二娘，但我想问，宋师傅大热天的你怎么穿成这样？"

宋江："你说的是我这军大衣、羊绒帽、棉坎肩、大围脖？"

作者："嗯，还有你那副御寒大耳罩。"

　　宋江："耳罩不算，耳罩是雷达，帮我提防跟踪我和要谋害我的人用的，其他的都是避弹用的。"

　　作者："什么情况？"

　　宋江："我不跟你说那么多了，我不会待在一个地方超过三分钟的，那样风险太大！太大了！"

　　作者："宋师傅，先别急，你冷静一下。"

　　宋江："啊啊啊，我的耳罩有反应了，啊啊啊，不好啦，杀我的人来了！"

　　作者："宋师傅，你等等我！"

…………

　　园长："别追了，人都跑没影了。"

　　作者："哎，这位宋江兄弟怎么了？"

　　园长："你不是要看精神分裂症的症状吗？他这就是典型的精神分裂症症状之被害妄想。"

　　作者："什么是妄想？什么是被害妄想？"

　　园长："妄想就是极其不现实而且通常根本就不可能成真的想法，但拥有它的人却相信那是真的。大多数人偶尔会持有错误的观点，比如咱们相信自己买彩票就一定会中大奖。而这只是一种自欺欺人，不是妄想。

　　"自我欺骗和妄想的不同之处有三点。第一，自我欺骗并不是完全不可能实现的，而妄想是。比如说，买彩票中大奖并不是不可能的，只是概率非常小而已；但是如果你认为自己的身体汽化了飘浮在空中，这是不可能的，这就是种妄想。

　　"第二，正常人只是偶尔会有自我欺骗的想法，而妄想却占据了精神病人的全部。妄想者还会不断搜集证据来支持自己的这些想法，并且根据想法采取实际的行动。例如，他们会真的起诉他们认为企图谋害自己的人。

　　"第三，自我欺骗的人能承认他们的想法可能是错误的，但是妄想者不但不认为自己的观点是错误的，还会拼命抵制那些拆穿否定他们观点的人。'说我是错的？我跟你玩命！'

"被害妄想，就是妄想的一种。顾名思义，被害妄想就是患者想象有他人正在跟踪、监视或暗中谋害自己或自己所爱的人。宋江的表现就很明显啊，他总以为有人伺机要杀掉自己。还有的妄想者的情况是，认为中央情报局和联邦调查局正在进行一次代号为'食人者'的行动，密谋抓获自己。这里我再给你看一位女园友写给我的'私信'：

"'如果有人进入我的房间，我就会被枪击中的。这是老鹰告诉我的，因为老鹰在移动工作，这和我每月用移动通话有关。什么？让我换成联通的？没用的，老鹰也在联通工作。当你把钟调到二十五的时候，就意味着你每个小时的第二十五离开家出门倒垃圾，这样他们就能检查你……然后就能知道你这会儿在哪儿。那就是无所不能的老鹰……如果你不听从他们的吩咐，大罗金仙就会让手枪出声。所以我不接电话，不应门铃，因为那会被手枪击中的，那是老鹰干的。'

"怎么样，好文采吧？除了被害妄想外，妄想有很多其他类型："夸大妄想、关系妄想、控制妄想、思维传出、思维插入、思维被夺、疑病妄想……

"我该有请下一位出场了，天雄星——豹子头林冲。"

作者："豹子你好！"

林冲："保安！保安！"

作者："……"

林冲："谁把你放进来的？！"

作者："我就是保安。"

林冲："你是保安？那请你立刻回到自己的工作岗位上！别让傻子随便乱闯！"

作者："……"

林冲："听不懂我说话？你到底知不知道我是谁？！"

作者："我是新来的。"

林冲："难怪，那我就简单介绍一下自己，我是来地球维护世界和平的，姓名就不跟你透露了，你没有资格知道！莫扎特和凡·高诞生在我的慧光里，圣雄甘地和马丁·路德·金是我的朝拜者，耶稣和观音是我的门徒。我每天的日程安排得很满，因为各个星球的元首都竭力要求觐见我，只有得到我的开示后他们才能统治好星球。不过我现在没心思再理这些鸡毛蒜皮花花草草的，你知道我最近在忙什么吗？"

作者："不知道。"

林冲："你傻啊你不知道！地球现在有没有贫穷？有没有饥饿？有没有人活得不幸福？"

作者："有。"

林冲："你傻啊，你才知道！我随便在宇宙中选了一块地，就月球了。我喜欢它是因为我也满脸是坑，嘿嘿。我在月球已经快要建好一个社会了，到时候把这些穷着饿着和不幸福的人一起带过去。你去不去？看你这样，估计你也得去！你去了继续给我当保安，怎么样？"

作者："呃，我现在马上回到自己的工作岗位上去！不用送了不用送。"

作者："园长！园长！你在哪儿？"

园长："来了来了，怎么啦？"

作者："再跑慢一点我就要去月球当保安了！"

园长："他逮到谁都让对方去月球当保安，估计现在月球上全是保安，哈哈哈，开个玩笑！

"林冲这种表现是妄想中的'夸大妄想'。夸大妄想者认为自己具有强大的能力、知识或才智，认为自己是某个著名人物或有权势的人，还有的人则认为自己是神灵转世。给你看一段有趣的对话，来自三个'佛祖'，为什么这么说呢，因为从入园时他们三个就都把自己当成佛祖。"

佛祖一号："我说你俩，我现在知道你们心里在想什么，知道你们经历过什么，还知道你们的前世今生。你们俩上辈子都是畜生，一个是猪，一个是狗。看穿众生是我的本职工作，信不信我还能收了你们！"

佛祖二号："在我发言之前，我要声明，早在时间存在之前，我就是第一个拥有佛祖化身的人。"

佛祖三号："你们俩只是凡胎肉眼，仅此而已。我从诞生之日起就创造了人类，就是这样！"

园长："佛祖三号，佛祖一号和二号也是你创造的吗？"

　　佛祖三号："当然，怎么能不是？连你也是我创造的！"

　　这时佛祖一号对佛祖三号："收了你！（手里举起一个碗……）"

　　…………

　　"夸大妄想咱们就说到这儿吧，这会儿该下一个了，天闲星——入云龙公孙胜！"

　　公孙胜："你是哪家报社的？"

　　作者："《月球保安报》。"

　　公孙胜："没听说过，发行量大不？"

　　作者："别的地方不知道，在你们园里发行量估计不小。"

　　公孙胜："那就没跑了，你拿最新的一期来好了，看看头版头条是谁？没有别人了，准是我！"

　　作者："……"

　　公孙胜："怎么，你不信？那你现在上个网好了，看看各大网站现在都在报道什么——你和我在这儿约会啊！"

　　作者："哦，你这么红？"

　　公孙胜："我不明白为什么啊，为什么每个人都在谈论我，昨晚我看电视的时候看到美国总统奥巴马从电视里给我投来意味深长的一瞥，还向我竖起了大拇指，意思是说我好样的，各国人民都在关注我！"

　　作者："呃，好样的……"

　　公孙胜："你也这么觉得？别了，我太烦了，你回去跟你们总编说说，把我的头版给撤了行吗？当我求你们了还不行吗？"

　　作者："行行，我这就回去给你说一声去。"

　　…………

　　园长："当我们附近有人小声说话或大声笑时，我们可能会停下来想想他们是否在议论或者嘲笑自己，不管事实上他们的讨论或笑声是否与我们有关，我们这样做都是正常的。而精神分裂症患者不仅是这样，他们倾向夸大与他们有关的评论、眼神和姿势，甚至认为媒体上的新闻一直都在报道和影射自己，这就是一种'关系妄想'。如公孙胜这样总认为偶然事件是针对自己的，感觉电视和网络中报道的人正是自己。

"继续下一个吧，天暗星——青面兽杨志。"

杨志："我不应该待在这里。"

作者："嗯？"

杨志："因为我不是个疯子。"

作者："那你是怎么来的？"

杨志："上帝让我这样做。他让我装成一个喜欢人类的疯子，而不是那种会被别人视为危险的疯子。"

作者："上帝为什么要这么做？"

杨志："因为我有一个你们都没有的能力，现在看看你自己的脚下。"

作者："（低头）有什么？"

杨志："我散步的时候会看到地上都是血迹，是你们每一个人留下的，我会跟踪你们脚下的血迹。知道吗？谁的血迹越来越少就说明他快要死了，而那也正是我要动手的时候，我需要赶在血迹完全消失前杀掉他们。这是上帝的意愿，我这样做上帝会很高兴。"

作者："我脚下还有血吗？"

杨志："呵呵，不太多了。"

作者："那个什么，你们园长现在找我有事，告辞了。"

…………

作者："我现在终于明白为什么上帝要让他装成一个喜欢人类的疯子了。"

园长："'控制妄想'就是这样的，病人认为他们能够控制他人或世界，或者他们正在被别人的思想所控制。因此，像杨志这样，有些精神分裂症患者把自己看作'傀儡'或者'机器'，并拒绝为自己的行为负责。"

"下一个该谁了？天伤星——行者武松！"

作者："咦？你不就是我一开始采访的那个帽子先生吗？"

武松："嘿嘿，没错，我们又见面了。"

作者："你帽子里还放着铝箔吗？"

武松："当然，外星人已经监视我十二年了，从我二十三岁时就开始这样做了，我一直用铝箔阻断他们的信号。但是最近一阵不行了，我发现他们的信号越来越强，并且试图绕过铝箔，他们狡猾啊！"

作者："他们对你做过什么没有？"

武松："如果我不戴帽子的话，他们会把'指令'直接传入我的听觉中枢，在我的大脑中形成深刻的印象。这些'指令'有时是好听的音乐，有时又是一些人的惨叫和怒吼声。他们这样做就跟《盗梦空间》一样，让这些'指令'进入我的潜意识来控制我的感觉，或者使我的大脑混乱，从而下意识地改变我的性格！"

作者："听上去还挺有意思的。"

武松："有什么意思，光是强加给我信息就算了，有时他们还会偷走我的想法，等我第二天醒来发现前一个星期思考过的东西竟然都忘了。过阵子我再上网一看，给我气的啊！你猜怎么着？他们在我不知情的情况下把我的那些想法都传到网上了！"

作者："那你最近的情况怎么样？"

武松："魔高一尺，道高一丈！嘿嘿，我改进了我的装置。我用了点保鲜膜还放了些铅涂料，这些确实都挺管用的。只是当洗澡摘下帽子时，我还是会遭到他们的洗脑攻击。"

作者："我想问一个问题，帽子先生你们家是不是住在景阳冈？"

武松："嗯？你说什么？"

作者："没什么，看来'外星人'猛于虎啊。"

…………

园长："武松的故事里，同时有三种妄想存在，'思维插入'、'思维传出'和'思维被夺'。

"思维插入是说，认为另一个人或者物体正在将思维插入自己的脑子。我们园里有一位女士曾跟我说过：'当我站在家中往窗外看时，看到花园很漂亮，草坪很酷。突然间一个男人出现在我的脑海里，他开始把我的大脑

当成屏幕，就像放幻灯片一样，一遍一遍地在我脑中放映他的思想……'

"思维传出是说，认为自己脑中的想法被传播给其他人听。我们园里一个二十一岁的学生说过：'当我思考时，我的想法以思维光盘的形式离开了我的大脑。周围的人只需要在大脑中播放此光盘，就能知道我的思想了。'

"思维被夺是说，认为另一个人或物体正在把思维从自己的脑中抽离。我们园里一个二十二岁的女生描述过：'我正在想我的妈妈，突然我的思想被一个颅脑真空提取器吸走了，我的大脑里什么也没有了，一片空白。'

"就是这样。

"下边我们继续，地阴星——母大虫顾大嫂！"

作者："大嫂你哭什么？"

顾大嫂："我害怕，呜呜呜。"

作者："你怎么了？"

顾大嫂："我的子宫都烂了，从肚子里翻了出来。后背痛得要命，我已经没有自己的脊柱了，现在放在里面的是一根钢管，钢管里灌满了冰水……我的肠道也被人换掉了，那里现在是一条条大蛇在盘旋蠕动……好难受……"

作者："大嫂你哭吧，我不拦你了……"

…………

作者："有点瘆人。"

园长："顾大嫂的表现是一种'疑病妄想'，认为自己的外表或某个身体部位患病或者被改变。妄想的类型其实还有好多，如妄想自己犯下了不可饶恕的罪行，或者患上一种可怕的疾病身体正在腐烂掉，又或者认为这个世界或者自己根本就不存在，再或者像下面这位一样，迫切地想要帮助别人。"

园友："我必须离开这里。"

园长："你为什么要离开呢？"

园友："我的医院，我必须回到我的医院去。"

园长："哪个医院？"

　　园友："我有一个医院，全是白色的，我们在那里找到了治疗所有疾病的方法。"

　　园长："你的医院在哪儿啊？"

　　园友："在北极。"

　　园长："你打算怎么到那儿呢？"

　　园友："暂时还没想好，确切地说我还不知道怎么去，我只知道那里需要我，我要做我的工作，我要去帮助我的病人，你打算什么时候放我走呢？"

　　…………

　　园长："关于妄想症状我们已经说了这么多，下面看一个综合型的吧，然后你从中猜猜这些症状都分别属于什么妄想好吗？以下是来自天孤星——花和尚鲁智深的自述。"

　　鲁智深："两年的时间里，我在这个城市无家可归，住在火车站或者桥洞下，经常饿肚子。

　　"一个参加过抗日战争的老兵想要伤害我，因为我认为那场战争是1937年的流行感冒引起的。十年来我一贫如洗，没有任何朋友。起初我感觉我自己是佛教圣徒，然后我又成为一场决定人类命运的有性人和反有性人之间秘密战争的棋子，最后我觉得我和未来的外星人有联系。地球上将会发生一场核浩劫，大陆板块将会断裂，海水在熔岩的作用下蒸发，外星人选择了我和另一个女人。所有的生命都将被毁灭，我未来的妻子和我都将成为外星人，拥有永恒的生命。

　　"但是，我担心我的敌人们会把我变成同性恋者，我一直与我未来的老婆利用心灵感应通话，业余时间就听外星人传来的摇滚音乐。一天晚上，我因为外星人不把我的思想传递到另一个身体而狂怒，一气之下打了他们。结果他们都抛下我离我而去了。"

　　…………

　　作者："哇，他的妄想种类真多！我看出来了，有被害妄想、关系妄想、夸大妄想、思维插入……至于哪个是哪个，各位观众，你们帮我对号入座吧！"

园长："你够懒的。OK，妄想我们就讲到这里可以吗？下面我们该介绍精神分裂症的另一个症状了——幻觉！你以前是否遇到过听见有人叫你的名字，但周围却没有人的情况？你有没有看到自己已经将一个物体移动，而实际上什么事都没有发生？我们其实都有过这种短暂的经历，觉得自己看到或者听到了并不存在的东西。但是对精神分裂症患者来说，这种不是由真实存在的事物引起的感知会非常非常真实，并且有规律地发生。

"还是老样子，下面有请天巧星——浪子燕青现身为我们说法。"

燕青："我注视同事的时候，感觉他们的脸是扭曲的。他们的牙齿就像随时会吞食我的獠牙。大部分时间里，我不敢去看其他人，唯恐自己被吞食掉。疾病的折磨从来没有停止过。不管是在清醒的时候，还是在熟睡的时候，我都感觉自己正在被吞吃，被魔鬼吞吃。

"更糟糕的是我常常在夜里被凄厉的鬼叫声惊醒，我便开始在屋子里四处寻找它们。后来，这种声音越来越大，就像有人调高了音量。慢慢地我发现这些鬼叫声不再单一，里面夹带着低沉混浊的呼吸声和沙哑的低语声。后来我终于捉住了它们，触摸了它们，发现那些家伙竟然是扁的，是一个个平面。"

…………

园长："幻觉可分为'幻视''幻听''幻触'等。

"燕青看到同事面孔扭曲是幻视，而幻视也经常会同时伴随着幻听。例如，某人可能看到撒旦就站在她的床边，对她说她被诅咒了，必须死掉。

"幻听是最普通的幻觉，人们会听到控诉他们不道德的行为或威胁他们的声音，这些声音也可能唆使他们去伤害自己。而精神分裂症患者还可能会回答这些声音，甚至会与这些不存在的声音对话。燕青的幻听体现在半夜听到魔鬼的惨叫声等。

"后来燕青说他捉到了鬼，而那些鬼摸上去是平的，这是种幻触。还有的例如感觉虫子在背上爬，蛇吃掉了自己的肚子等，都是幻触。这些幻觉通常令人毛骨悚然。

"下面的人还是由你继续采访，天罡星——玉麒麟卢俊义。"

卢俊义："我的叔叔是个好人，他对我很好。"

作者："哦，是吗？你好啊，初次见面，先跟我说说你自己好吗？"

卢俊义："你知道吗？我叔叔凭一把刀就能捉鱼，当你跳下河的时候，思维中的任何东西都能变得非常锋利。我赤手空拳就能杀死你，是的，赤手空拳……我知道你知道的！"

他没有理会我的问题，答非所问。这个时候，他说话很快，而且越说越激动。于是在继续谈话前，我去看了他的档案：卢俊义今年二十五岁了，他小的时候是由自己的婶婶和叔叔带大的，因为父亲早逝，母亲患有精神发育迟滞的病症。在叔叔死的那一年，他的老师第一次报告了他的异常行为，他经常在课堂上旁若无人地与他已故的叔叔对话。

作者："俊义，你为什么会待在这里？"

卢俊义："我实在不想待在这里。我有其他事情要做，现在正是时候，你知道，当机会来临的时候……"

作者："听说你的叔叔几年前去世了，我很遗憾。你现在是怎么看待这件事的？"

卢俊义："我叔叔怎么会死了呢？是他送我来这儿的，他喜欢和我一起去钓鱼，就在那条河里。他要带我去打猎。我有枪，我会向你开枪的，马上要你的命！"

作者："你叔叔现在常和你聊天吗？"

卢俊义："聊。有时他叫我把电视机关掉，因为它太响了。其他的时候他同我谈钓鱼的事，说真是个钓鱼的好天气，咱们钓鱼去。"

卢俊义表现出的症状是幻听，内容来自他叔叔的声音。如果仔细观察的话你会发现他在什么时候出现了幻听，那时他往往很空闲，坐在那里微笑着，似乎在聆听旁边的人说话，但实际上根本没有人在那儿。

园长："幻觉这块我们就讲到这里，好吗？下面继续进入精神分裂症的下一个症状——思维和言语混乱。"

作者："你先来介绍一下它们好了。"

园长："首先说思维混乱。在精神分裂症中最常见的思维混乱的方式是患者从一个话题转移到另一个完全不相干的、丝毫没有关联性的话题，临床症状有'思维联想散漫'和'言语不连贯'。来看看下一位出场人物的情况你就明白了，有请天英星——小李广花荣。"

花荣："你知道，我是一个医生……虽然我没有毕业文凭，但我的确是医生。我很乐意做一个精神病患者，因为这能教我如何变得谦逊。我爱吃没洗过的葡萄。奥巴马已经到这儿拜访过我了。《疯狂》杂志是在此地出版的。法拉利一家将金属进行了抛光。当我还是个小男孩时，我常常坐着讲故事给自己听。长大后，我就关掉电视的声音，为我看的电视节目编制对话。我有一个星期的身孕了。我有精神分裂症——一种精神癌症。神经充斥着我的身体，这将使我获得诺贝尔医学奖。我从不认为自己是精神分裂症患者。只有传心术，而没有像精神分裂症这类东西。我在家养了只狗。我喜欢速食燕麦片。当你信仰耶稣，你就不需要进餐了。张曼玉想和我结婚。我想走出旋转门。和观音在一起时，任何事都有了可能。我过去常常打我的母亲。它是我吃的所有甜品中最干燥的。"

…………

作者："好嘛，果然是够无序、够荒诞、够迅速地转变话题！"

园长："是啊，虽然我们也有做白日梦及走神的时候，但是我们的思维还是紧密交织在一起的。我们思维之间的联系是有逻辑的，也是连贯的；而精神分裂症患者的思维则是混乱的，不合逻辑的。他们思维的形式和结构以及内容都是混乱的。再给你看一个人的，天微星——九纹龙史进。"

史进："事情都是相互联系的，如昆仑、蓬莱、归墟、天柱、南京大屠杀、水门事件、郑和下西洋、辛亥革命，以及更多类似事件之间都存在着联系。例如，仅仅在过去七年间，超过二十三名研究星球战争的科学家在没有明显原因的情况下自杀。1987 年在南美洲举行的一次关于艾滋病的会议上，超过一万名科学家宣称昆虫可以传播艾滋病毒。在本人完全不知情的情况下，读取其想法或者在其脑中植入某种想法的实验已经完成。认识是生物电磁波控制下的现实，它是思维传递和情绪控制，记录个体的思想、感觉和情绪的脑波频率。"

…………

园长："从史进的话中你能看出他自己勾勒出的很多事物之间的'联系'，然而我们是很难看出其中的关联的。精神分裂症患者对问题的回答可能与问题之间的联系非常小或者根本无关。比如，当询问患者为什么在医院里，他可能会回答：'方便面看起来像虫子，我认为它真的是虫子。地鼠会挖洞而田鼠会筑巢……'

"到底问题出在哪里呢？是因为精神分裂症患者围绕一个话题进行联想时，他们就会跑偏，无法按照中心主题进行下去；而正常人不仅可以围绕一个话题进行讨论，并且还会以这个话题为中心搜寻更合适的联想。

"比如下面这个实验，同时向正常人和精神分裂症患者展示两种非常相近的颜色，要求他们做出微妙的联想来说出两种颜色的不同之处。来看看他们的表现吧。"

正常组：

A："上帝！这有点难，它们几乎一样，这个似乎更红一些。"

B："它们也许是臭豆腐的颜色，也许是黏土的颜色。其中一个比另一个更偏红一些。"

精神分裂症组：

A："这愚蠢的颜色是一碗鲅鱼的颜色，加入蛋黄酱后，就会更有味，把它放在一边，吐满一地。把鱼吐出来！"

B："化妆品，这是海藻泥的颜色。你把它涂在脸上，就会有人认为有家伙在追你。等一下！我可没把它涂在脸上，也就没人会追我。女孩会涂它。"

作者："果然是知识大爆炸啊，谁和谁也不挨着。这些都是思维混乱？那言语混乱是什么样子呢？"

园长："思维混乱直接导致了言语混乱，正是因为精神分裂症患者的联想无逻辑，太发散，所以会导致一个问题，就是语言内容的贫乏，来看看'天损星——浪里白条张顺'写给他妈妈的信就知道了。"

张顺："亲爱的妈妈，我正在写信，我用的笔是一个名叫'海绵宝宝'的厂子生产的，我猜这个厂子在英格兰。在海绵宝宝公司名字的后面，笔上还刻有'伦敦'的字样，但这不是一个城市。伦敦在英格兰，这是我上学时知道的。那时，我一直喜欢地理。教我的最后一位地理老师是撒气尔教授。他有一双黑色的眼睛。我也喜欢黑色的眼睛。还有蓝色、灰色和其他颜色的眼睛。我听说蛇的眼睛是绿色的。所有人都有眼睛，也有一些人他们的眼睛瞎了。这些盲人可以由男孩做他们的向导。看不见一定很糟。有人既看不见也听不着。我认识一些人他们的听力就不错。一个人是能有良好的听力的。"

…………

作者："他想表达什么？"

园长："依你看呢？"

作者："没看懂他要说什么，但是我看出他联想的轨迹了：伦敦——地理课——地理老师——他黑色的眼睛——灰色的眼睛——绿色眼睛的蛇；眼睛——人；眼睛——瞎；人——聋子；等等。"

园长："就是这样的，虽然他写了很多，也算规范，但他传达的信息却很少，让你搞不清他到底要表达什么，就是因为除了联想之间的必要连接外，他的表述缺少一个统一的主题，因此内容很贫乏！"

作者："哦，难怪我看不懂，言语混乱就是这样子啊。"

园长："是的，还有一种言语混乱的情况是'语词新作'。除了在表述方面没有中心主题没有逻辑以外，患者还无法提取通常被公认的言语符号，他们就会自己造些'新词'或发明专属于自己的表达方式。来看下我与'天杀星——黑旋风李逵'的一段对话。"

其中括号里是他可能真正想表达的意思。

园长："逯逯，你今天没吃晚饭，怎么回事？"

李逯："我的肚子很不幸，它是那么恶劣而且残酷（我胃疼，感觉不舒服）。我支付了所有工作的钱（我付钱吃饭）。我在这里工作，不同的是我要工作五天，当时就是这样用的词（当时我被告知要工作）。但是我有逃避（我也会没有工作任务）。我为老板工作，他指定工作计划让我工作，他也帮我工作，他得到了所有的钱。他是我关系上的父亲（一个亲戚），除了血缘关系和家庭成员身份（家庭成员间的关系）……他奉献了很多爱。自从老时光起（很早以前），我就能适应他人的生活。我在一帮人中长大（由他人抚养）……某段时期，还在我很小的年代里（当我还是个孩子）……她说她关心一个人的双胞胎（我的双胞胎姐姐）。她用程度轻微的词责骂一些人（她责备他人），但是她做得有技巧（做得好）。我遭遇了很多事，我在外国做了很长时间。我期望有很多事，但我应该知道它们是什么，特别是不良的罪行（不好的事）。"

…………

园长："思维和言语混乱这块我就说到这儿了。到目前为止我们已经说过了'妄想''幻觉''思维和言语混乱'，下面我想说最后一个症状——'行为混乱和紧张症行为'！

"像我们熟知的，精神分裂症患者常常会出现不可预测、无原因的激动，如突然大喊大叫，破口咒骂，或者在街上忽快忽慢地走。有时候还会做出一些不被社会认可的行为，如在公共场所手淫。一些人头发凌乱，身体肮脏，在寒冷的天气里衣着单薄，在天气炎热时却层层包裹。除此之外，他们很多人经常生活不能自理，例如不会洗澡，不会选择合适的穿着，吃饭有一顿没一顿的。这些就是'行为混乱'。

"给你看一组我们园里人平时活动的画面，在一个白天的活动室里。

"A 沉默无语地站了好几个小时，只是用手掌一圈圈地揉着头顶；

"B 一天都在用手揉着胃部，同时围着一根杆跑步；

"C 低着头来来回回地走，咕哝着敌人正过来抓她；

"D 在一角面露苦相地咯咯笑着；

"E 站在正中，用力地用手搓着裤子，咂着嘴发出一种有韵律的声音，因为是不知疲倦地重复，所以没人注意；

"F 纹丝不动地坐着，盯着地板看；

"G 撕碎杂志，将一小片纸放入嘴中再吐出来；

"H 在长沙发上安静地手淫；

"I 跟在一个查房的年轻护士助手后面，当助手靠着床整理床铺时，他就会找机会向上看她的裙子；

"J 在读佛经；

"K 在看电视；

"L 在努力地擦地板；

"那么何为'紧张症行为'呢？先让你采访一位园友再说，有请天贵星——小旋风柴进。"

几位园工抬着柴进进来。待放到地上时我才明白为什么他需要被抬进来："他以一种叉着腿、两脚外侧着地的奇怪方式走路，并且他一落地就脱掉拖鞋，大声唱着国歌，然后大喊两声："God! My God!（上帝！我的上帝！）"

作者："你好，柴进同学，请问你知道自己现在在什么地方吗？"

柴进："这你们也想知道？让我告诉你谁正在被考验，谁将被考验。这些我都知道，我可以告诉你们，但我不想这样做！"

回答问题时，他的声音一开始很小，然后逐渐变大，喊叫，直到尖叫。

作者："你可以安静一下吗？"

柴进："你叫什么名字？他闭上了什么？他闭上了眼睛。他听到了什么？他不懂，懂不他，如何？谁？哪里？什么时候？他什么意思？当我让他看的时候，他不会好好地看。你，看就行了。那是什么？为什么你不回答我？你又开始放肆了吗？你怎么可以这样放肆？我要发火了！我要给你点颜色看看！你不跟我妥协。你肯定也不聪明；你是个放肆、吵闹的家伙，我从来没有见过像你这样放肆、吵闹的家伙。他又开始而来吗？你什么都不知道，全都不；他什么也不知道。如果你现在跟上，他不会跟上，不会跟上。你还要变得更加放肆吗？你还要变得更加放肆吗？他们怎么注意的，他们确实注意了。你们怎么注意了，你们……"

作者："……我服了，还是我安静一下好了。"

在我走了以后，他继续用模糊不清的语言咒骂。

…………

园长："你还想让他安静一下？你真不自量力！"

作者："我知道我错了……"

园长："这个就是紧张症发作时的兴奋时期，患者会在没有明显原因的情况下变得非常激动，而且难以平息。但是紧张症不仅有手舞足蹈的兴奋时期，它还有另一个极端——患者将自己固定成某种姿势一动不动，就好像时间静止了一样。这种情况又被称为'木僵'，意思是像木头一样僵硬难以变形。有时他们还会变成'活木偶'，任人摆弄和固定自己的四肢。"

园长："关于精神分裂症的症状，'妄想''幻觉''思维和言语混乱''行为混乱和紧张症行为'，到这儿我们就全部说完了！"

作者："全部症状说完了吗？"

园长："是的，阳性的症状就全部说完了。"

作者："什么意思，难道还有阴性的？'阴性症状'就是不重要的意思吧，那咱就不用讲了，往下继续。"

园长："大错特错，'阳性症状'和'阴性症状'的关系就像'凸'和'凹'。

"阳性症状是精神分裂症患者较常人来说多出来的异常情况，而阴性症状就是他们较常人来说缺少的正常情况。你听说过'三阴乳腺癌'吗？"

作者："没听说过，名字听起来挺奇怪的。"

园长："三阴乳腺癌是指雌激素受体、孕激素受体及表皮生长因子受体 Z 均呈阴性的乳腺癌。较其他亚型来说三阴乳腺癌的死亡率高，平均存活时间短，五年生存率为 77%，内脏转移概率较高。"

作者："这和精神分裂症有关系？"

园长："没有，我是想说，可不要小瞧了这个阴性症状，它绝对不是阳性症状的附属品。相反，与阳性症状相比，它对药物的反应更小，而且更不容易恢复。"

作者："那咱们下面赶紧来说说这个阴性症状吧。"

园长："假设现在你们家着火了，你会有什么反应？"

作者："上蹿下跳，呼天抢地，赶紧救火啊！"

园长："有一位患者最近点燃了自己的房子，然后坐下来看电视。当后来注意到房子正在燃烧时，他很平静地站起来，走到了外面。"

作者："这位是神人！"

园长："精神分裂症患者的这种对环境的情感反应严重减少或完全丧失的表现，就是我们所说的阴性症状中的一种——情感淡漠。不管发生什么，病人在大多数时间里都面无表情，甚至对周围发生的事情连身体的反应都没有。有的时候他们是体验到了强烈的情绪但不能表达出来而已，还有的时候他们是彻底丧失了体验情绪的能力，无论发生什么事，既不会感到开心也不会感到悲伤，可以说他们的情绪是空白的。

"作者，说实话，你觉得自己是话痨吗？"

作者："是又怎么了？"

园长："和你表现截然相反的就是下一个阴性症状——贫语症。这种患者和其他人在一起的时候不会发起谈话，当被问到直接的问题时，他们的回答也是简单、空洞的。

"比如问到'你有孩子吗'这样的问题，大多数的家长都可能这样回答：'是的，我有两个漂亮的孩子，一个男孩，一个女孩，我的儿子今年六岁，女儿十二岁。'而面对同样的问题，贫语症的患者则会来这样回答。

"问：'你有孩子吗？'

"答：'有。'

"问：'你有几个孩子？'

"答：'两个。'

"问：'他们多大了？'

"答：'六岁和十二岁。'

"贫语症患者这个样子是因为他们往往很难找到合适的词来表达他们的想法，有时候他们的表现不仅是回答问题简单，还有延迟对问题的反应，表现得很迟钝。同贫语症患者谈话会让你感到非常不爽，觉得他们像便秘一样，好不容易才蹦出几个字。"

作者："所以说话痨还是挺好的，嘿嘿。"

园长："已经说了两个阴性症状了，我们再说说最后一个，那么所有的阳性症状和阴性症状就全部完结了，最后一个就是'无动机'！"

石秀："我现在一点也弄不清楚自己的动作了，这种感觉很难描述，但是我连简单的动作，比如坐下也弄不清楚了。这并不太像是让你去思考该做什么，是做这个动作本身让我绞尽脑汁。最近我发现在做某件事之前，我一直在思考我自己，甚至可以看到自己正在做这件事的样子。比如我在坐下之前，我一直在思考我自己，甚至可以看到自己正在坐下的图像。其他的事情也是这样，比如洗衣服、吃饭，甚至是穿衣服——这些事我以前一瞬间就可以完成，根本不需要思考。所有这些让我现在的动作越来越慢了。我需要花更长的时间去做一件事，因为我总是在想我正在做什么。如果能停止思考我正在做什么这个问题，我做事情的速度一定会更快。"

园长："我还没叫到你呢，天慧星——拼命三郎石秀。"

石秀："没叫到吗？对不起，我总是在思考我正在做什么，我正在做什么……"

…………

园长："石秀的症状便是'无动机'，是患者对一般的、目标明确的活动缺乏坚持下去的能力，患者总是在患得患失，并且表现出混乱和粗心。严重时，他们可能整天坐着什么也不做。

"到这里，为所有的'入园资格'，即精神分裂症的症状做一个总结吧。

"阳性症状："妄想、幻觉、思维和言语混乱、行为混乱和紧张症行为。

"阴性症状:"情感淡漠、贫语症、无动机。

"由此,作者你现在应该十分清楚到底什么是精神分裂症了吧?"

"精神分裂症就是这样一种复杂的综合征,它不可避免地会对患者及其家属的生活造成毁灭性的影响。"

作者:"我突然想起了《沉默的羔羊》中的汉尼拔。严重的精神病患者都是危险的,有暴力倾向的吧?"

园长:"哎哟,你接触了我那么多'园友'后怎么还会这么想啊?"

作者:"呃……"

园长:"不过也不奇怪你会这么想,因为报纸上也经常报道诸如'精神病人残杀家人'的新闻。媒体的报道确实对这一误解起到了推波助澜的作用,让大家以为精神分裂症患者都是非常危险,有暴力倾向的。

"实际上,精神分裂症患者并不比社会上的其他人更具有暴力倾向,但是很多电视剧和电影都把精神分裂症患者塑造成一个暴徒,就像人们常常误把精神分裂症当作'人格分裂'一样。

"因为这个病,精神分裂症患者常常会遭到别人的辱骂和殴打,还因为这个病,他们对自己的生活不能自理。那么一旦受家里人排挤,往往就会四处流浪无家可归,终日孤独地承受着各种痛苦与折磨。因此说,绝大多数精神分裂症患者不仅不是暴徒,相反,他们才真正是弱势群体。"

作者:"原来是这样。"

园长:"你懂了吧?"

作者:"我懂了。"

重口味心理室诊疗记录

网友求助

请帮我分析下,我是不是有心理方面的问题啊?

以前上高中的时候，流行玩《热血传奇》，那时玩得很痴吧，但技术不行，在游戏里老是死。玩过这个游戏的人都知道，角色死的时候会"哇"地大叫一声，然后灰屏。结果上课的时候，即使心里没有想游戏，真的在认真听讲，也会时不时地听到那个角色"哇"的惨叫声。

另外还有一个问题，和朋友一起玩耍的时候，有时自己并没有说话，但朋友却突然问我："你刚刚是不是叫我了？"这种事都发生过几次了，我纠结过好多次了。

另外有时更奇怪的是，自己常常会有一种莫名其妙的冲动，比如看见某个人走在自己前面，心里会很烦，会无缘无故地很想上去揍他一顿，但也会努力控制自己的双手（比如左手抓右手，让自己没有出手机会），不让自己犯错。走在窗口或楼顶边上或桥上时不由自主地就会想从这儿跳下去会是什么感觉，越想越害怕，所以就尽量不在那种地方多做停留。

请帮我分析下吧。

作者解答

精神分裂的典型特征之一就是丧失"自知力"，我看你还什么都清楚着呢，所以不属于"精分族"。

网友求助

我觉得我同事精神上有点不对，不知道算不算被害妄想症。

她老是觉得有人在背后说她坏话，老是在 qq 上和我说，谁谁谁一定又在说她坏话了，妒忌她老公是公务员，妒忌她家里有背景，妒忌她考到很多证，搞得好像所有人都在针对她。只要有人和她面对面走过，不是面带笑容的，她就觉得不好了，这个人肯定对她有意见了，背地里肯定要说她坏话。有些事在我看来真的是子虚乌有的，人家根本就没有那个时间天天来议论你，但是她就是不这么想，老是和我说，这个工作没法干了，所有人都针对她，背地里向领导打小报告说她不好，一天到晚活得担惊受怕的，生怕说错一句话。我一直劝她不要七想八想，根本就没这事，可是她还是

这样，人家只要一个小动作她就能联想到很多种别人准备害她的状况。

作者解答

　　稍后会讲到人格障碍部分，我感觉她更符合人格障碍中的某种障碍，具体是什么，你看了就会知道。

第十二篇

精神分裂（下篇）：

精神毁灭者

　　除了基因、遗传、养育方式等因素外，孕妇在分娩时的难产和怀孕时的病毒感染也会造成精神分裂症。比如，在分娩的过程中缺氧，大约 30% 的精神分裂症患者都曾经历过分娩缺氧；怀孕六至九个月时是胎儿中枢神经发育的重要时期，这一时期感染病毒的话会使大脑发育受损，可能引起精神疾病。

园长："给你继续介绍一下精神分裂症的种类，也许会更有助于你理解我刚才说的话。"

作者："它们分为哪几种呢？"

园长："五种！偏执型精神分裂症、青春型精神分裂症、紧张型精神分裂症、急性精神分裂症和单纯型精神分裂症。"

作者："这些都是依据症状来划分的吗？"

园长："是的。先来说怎样才算是患上精神分裂症吧。首先你需要被观察六个月之久，这六个月中至少有一个月要表现出明显的上面说过的阳性症状和阴性症状，同时症状要严重到影响社交和生活才可以。

"那么何为偏执型精神分裂症呢？就是你的症状以被害妄想、夸大妄想与幻觉为主。

"青春型精神分裂症则以言语、行为和思维混乱为主。

"紧张型精神分裂症则以行为暴躁或木僵、呆滞和对环境几乎没有反应为主。

"急性精神分裂症则是多以阳性症状为主。

"单纯型精神分裂症那就是以阴性症状为主了。"

作者："原来是这样划分的啊。园长，继续让你的梁山好汉们出场为我们分别诠释一下好了。"

园长："这回我打算先起用一个真正的名人。"

作者："谁？"

园长："看过电影《美丽心灵》没有？"

作者："知道了，是约翰·纳什！"

园长："没错，就是他！纳什是典型的偏执型精神分裂症患者。而精神分裂症中最有名，被研究得最多的也是偏执型精神分裂症，所以先在这里说说他的故事好了。

"下面有请纳什的妻子艾丽西亚来为大家讲述一下纳什的故事。"

艾丽西亚："我的丈夫纳什是诺贝尔经济学奖得主，被公认为世界上最杰出最优秀的数学人才之一！ 1950 年，伴着那年春风而来的还有他后来闻名天下的'纳什均衡'，他的理论引发了经济学领域的重大变革。1959 年，在他成为麻省理工学院的一名年轻教授后，他开始使用非常规的方法解决一些别人无法解决的数学难题，并取得了巨大的成功。但也正是在这一年，我注意到了他行为的改变，他对我越来越疏远，冷淡，并且举止越来越古怪。"

"有几次，当两个人单独在一起的时候，比如在家里或是在车上，他总是追问我一些古怪的问题：'告诉我为什么？'或者无缘无故地朝我怒吼道：'你知道得太多了！'

"不久，他停止了对我的追问，开始给联合国、联邦调查局和其他政府部门写信，告诉他们他知道一个夺取世界的阴谋。他还在公开场合宣称他相信有一种来自外太空或外国政府的力量正在通过《纽约时报》的封面与自己交流。

"一连几个星期他都有一种精神衰竭的感觉，脑海中反复出现那些非常怪诞的图案。他感觉有一个秘密的世界，而他身边的其他人都不知情。更甚的是，当他看到校园里某些戴红色领带的人就会想："他们这样做是为了引起我的注意，以便我能关注到他们。后来他的这种妄想越来越严重，开始觉得整个地球上戴红色领带的人都是为了唤起他的注意。并且他认为，所有戴红色领带的人都是一个秘密组织的成员。

"再后来，他的病情恶化到扬言要杀了我的地步，行为也变得愈发诡异。无奈之下，我只能选择将他送入精神病院接受治疗。在那里，他被诊断为偏执型精神分裂症。尽管他的内心世界和接受治疗前一样狂乱，但他却在治疗的过程中学会了如何掩饰自己的妄想和幻觉。于是我们都轻信了他，很快就为他安排了出院。没有料到的是，就在出院后不久，他立刻辞去了麻省理工学院的工作，取出了自己的养老金，漂洋过海去了欧洲，发誓永远都不回来了。

　　"到了日内瓦之后，我的丈夫纳什放弃了自己的美国国籍，并且撕毁了护照。在随后的日子里他先后被日内瓦和巴黎驱逐出境。两年后，他落脚普林斯顿，依然遭受着精神分裂症的痛苦折磨。他在普林斯顿的大街上游荡，表情凝固，目光呆滞，穿着俄罗斯农民的大衣，经常光着脚走进饭店。他高谈阔论世界和平，向人们表明他正在致力于建立一个世界政府。他不停地给全世界的显赫人物写信打电话，谈论数字命理和世界事务。

　　"这时很多人，家人、朋友、校方等都为他的病情感到担忧，纷纷联系我，看可不可以再一次将他送进精神病院接受治疗。于是接下来，费了很大周折，我们终于找到了他，第二次将他送到了医院。这一次的治疗显然比上次有效得多了，他的思维逐渐变得清晰，又能回到现实世界。在清醒的时候，他甚至可以继续他的研究，撰写他的论文。但是接着他的思维、言谈和行为又开始出现危机……就这样病情反反复复，让他在理性与病痛之间徘徊游荡。

　　"很多时候，尽管纳什每天走出去最远不会超过图书馆或家门口路尽头的商店，但在他的脑海里，他已经遨游到这个星球上最遥远的地方——开罗、泽巴克、喀布尔、班吉、底比斯。在这些遥远的地方，他分别住在难民营、使馆、监狱和防空洞里。或者，他感觉自己居住在阴间，周围满是老鼠、白蚁和其他寄生虫。除此之外，每到一个地方，他就会多出一个身份，如一个巴基斯坦的难民、一位日本幕府的将军、《圣经》中的人物，有时甚至是一只老鼠……

　　"这样过了几年，他的病情慢慢真正好转，不再反复发作，那些古怪的行为与思维也消失了。是什么使他的情况变好的呢？好多人都说很大一部分功劳要归于他老婆，也就是我持久、平静的支持。我看真是过奖了，其实说得一点没错！

　　"呵呵，我丈夫纳什的故事就给大家讲到这里了。"

　　作者："园长，我突然对'纳什均衡'十分感兴趣，我想知道那究竟是个什么东西，就那么厉害？"

　　园长："'纳什均衡'其实是一种非合作博弈。啥叫非合作博弈？就是双方不肯合作，都以自己的利益为根本。"

"来看一下纳什均衡的经典案例——囚徒困境。

"话说有一天，一位富豪在家中被杀，财物被盗。警方在侦破此案的过程中抓获了两名犯罪嫌疑人，一个叫偷偷，一个叫摸摸，并且人赃俱获。但是他们俩一开始都矢口否认杀过人。于是警方将两个人隔离开，分别关在不同的房间进行审讯。审讯过程中给出他们以下选择：

"因为你们偷盗的罪行已经确认无误，所以判你们一年刑期，但是关于杀人的罪罚可以跟你们做个交易：

"① 如果你单独坦白杀人的罪行，我只判你三个月监禁，但你同伙要被判十年。

"② 如果你拒不坦白，而被同伙检举，那么你就将被判十年，而对方只判三个月的监禁。

"③ 如果你们两个人都坦白交代，那么你们都要被判五年。

偷偷 ＼ 摸摸	坦白	抵赖
坦白	偷偷五年，摸摸五年	偷偷三个月，摸摸十年
抵赖	偷偷十年，摸摸三个月	偷偷一年，摸摸一年

"这样子，偷偷和摸摸就面临着两难的选择——坦白或抵赖。显然在这里最好的策略是双方都抵赖，因为这样大家都只被判一年。但是由于两个人处于隔离的情况下无法串供，他俩每一个人都是从自己的利益出发，这样选择坦白交代便是最佳策略，因为抢先坦白的话就可以得到很短的刑期——三个月。如果晚了一步，那等待自己的可能就是漫长的十年徒刑，太不划算了！因此在这种情况下还是应该选择坦白交代，即使两个人同时坦白，至多也就每人判五年，总比判十年好吧。

"所以合理的选择是两个人都坦白（五年），而对双方都有利的选择是两个人都抵赖（一年）。

"于是，两个人都坦白而放弃抵赖，也就是两个人都选择对自己最有利的策略而不考虑共同的利益或者对手利益的情况就是'纳什均衡'，是一种损人也不利己的策略。

"我们生活中很多地方也用到了'纳什均衡',比如说商家的价格战,如彩电大战、空调大战、电脑大战等等。双方都为了自己的利益(卖出更多的产品)而将价格一降再降,大有拼个鱼死网破的架势,这样往往导致了一个零利润的结局,苦了商家乐了消费者。

"但是如果不遵守'纳什均衡',商家们抛弃自己的利益而从共同利益、共赢的角度出发(就像偷偷和摸摸双方都选择抵赖,这样两个人都坐最短时间的牢),也就是行业间合起伙来制订一个统一的价格的话,那么势必会造成价格垄断,会导致市场竞争机制和社会经济效益遭到破坏。这也是WTO(世界贸易组织)和各国政府要加强反垄断的原因所在。

"哎呀,讲着讲着精神分裂症怎么和你扯到这儿了?"

作者:"哦,就到这儿!园长,下一个该讲青春型精神分裂症了。"

园长:"在所有的心理障碍中,大概要数青春型精神分裂症患者最符合人们眼中'疯子'的形象了。为什么这么说呢?因为青春型精神分裂症有三大典型的特征:

"①言语支离破碎,最可能出现无逻辑的语言。

"②情感障碍,在不合时宜的时候发出傻笑,有时还会自我陶醉,花大量的时间在镜子面前自我欣赏。

"③行为举止的混乱,如无动机表现——拒绝洗澡或拒绝穿衣。

"除了这三点以外,青春型精神分裂症的患者还会出现严重的退缩行为,完全沉溺在他们自己的世界里,对周围发生的事几乎无动于衷。

"下面有请园友'天立星——双枪将董平'来讲述一下他的奇异世界。"

董平:"我参过军,入过伍。在部队,我会在停满车的车库里一坐就是好几个小时,和车说话。我还会跳舞,疯狂地自言自语。后来我被送到部队的一个精神病医生那里,再后来我退役了。

"退役后,我回到了父母身边工作,在我们家当地的一家高尔夫球场做球童。在那儿工作的几个月时间里,我渐渐发现有个妓院的老鸨(其实是球场的清洁员)一直在监视我,而且她还告诉我的同事,说我以前和她妓院中的未成年妓女有染。后来我同事告诉我他们也觉得我似乎很古怪,常常会不合时宜地发笑,扮鬼脸,有时候说话毫无意义。一个护草工甚至还总躲着我，说我说的笑话不好笑，但是我自己却大笑不止，我只是滔滔不绝地讲，但他却听不懂我在说什么……

"终于有一天我无法忍受那个一直跟踪我的老鸹了，我用高尔夫球棒打了她，然后我就被送进医院了。但是没过多久我又出院了。三年以后，一位领导要来我们城市视察，我想趁这个机会拜见他一下，但是当我去政府表达我的心愿时，他们告诉我这是不可能的。我觉得那位领导不是好领导，他是个骗子，我应该去警告世人都离他远点。我就想在他的车子到达政府门口的时候上前拦下它。但是警察在我还距离车队一百米的地方就逮捕了我，我再次被送进了精神病院……

"第二次住院期间，他们说我表现出明显的联想散漫和思维障碍，开始说胡话：'那位领导是救世主的经纪人，自从洒水车靠近公路后，我感觉的道路就和它有点像……你们知道的，就像伽利略的贯穿指尖的画里的那种碎石路……'

…………

园长："青春型精神分裂症就说完了，最后来说一下紧张型精神分裂症。来看一下地慧星——一丈青扈三娘的情况。

"在三娘攻击了一个孩子之后，她被警察送到了我们这里。当时的情况是，三娘走向一个在车站等车的女孩，企图掐死她。幸好一些过路人阻止了她并报了警。一开始三娘拼命反抗，不停地接近女孩，但很快她就突然不动了，一只胳膊伸向女孩，狠狠地盯着女孩的脸，整个人僵直得像一尊雕像。警察到来后，只能把她'搬'上警车。

"她被送到医院时还保持着在车站定格的姿势。三娘拒绝吃任何东西，不愿进检查室。她僵直地站着，眼睛直直地盯着手表，不回答医生的任何问题，也不以任何方式做出反应。几个小时后，在动用了少许武力后，她被带进了病房并安置在床上。她在床上保持着把她放到床上时的姿势，盯着天花板。第二天早上，人们发现三娘又直直地站在地上，她把尿撒在房间另一角的地板上。

"看，这就是紧张型精神分裂症的表现了，最大的特点就是'木僵'！像蜡像一样，或者他们的躯体就像橡胶娃娃一样，任人'摆布'。然而，紧张型精神分裂症并非仅限于一动不动，很多患者会在不动期和疯狂期之间转换。那么我们要做的就是在兴奋期防止患者伤害自己或他人，在木僵期防止他们挨饿！

"所有精神分裂症的症状我就全部说完了。你还想听些什么？"

作者："我想知道究竟是什么原因导致精神分裂症的发生呢？"

园长："这个问题说来可就话长了。这样吧，我先从生物学的成因说起，还从一个名人开始。"

作者："谁啊？"

园长："海明威！"

作者："哦，我听说他生前就患有精神分裂症。"

园长："事实上是这样的，不仅是他自己，他的祖父、父亲甚至女儿都患有精神分裂症，而且他们后来全部以自杀的方式来结束自己的生命。"

作者："这么说海明威的精神病是种家族遗传了？"

园长："可以这么说，因此说基因在精神病的发病上也起到了一些作用。历史上有个热南四胞胎，她们都是精神分裂症患者，但她们所患的精神分裂症的类型又各不相同。"

作者："很神奇啊！"

园长："其实还有一种情况，精神分裂症患者的养子也有可能会患上精神分裂症。"

作者："哦？那又是为什么？"

园长："这和父母的养育方式有很大的关系。因为在那样的环境中生活比较压抑。父母发病的时候，子女会经常面对无逻辑的思维、情绪的波动和混乱的行为，这些都对他们造成了很不好的影响。"

作者："园长，我觉得有些健康的父母如果养育方式不当的话也会对孩子造成影响吧？"

园长："没错，比如有些精神分裂症患者的父母总是跟他们进行'双重约束交流'式的沟通。何为双重约束交流呢？就是同时传递两个相互矛盾的信息。比如说，妈妈热情地招呼孩子来到自己身边，当孩子走向她的时候，妈妈突然变得很生气，呵斥孩子让他离自己远一点，保持一定的距离。反复暴露于这种双重约束交流的环境中，孩子的思维就会变得混乱。

"看看我们园中的一个事例：

"一天，一位患者的母亲到医院看望一个刚从精神分裂症急性期康复的年轻人。患者非常高兴地搂着母亲的肩膀，但是母亲的表情很僵硬。年轻人收回了手臂，母亲问道：'妈妈爱你，你爱妈妈吗？'患者听到后变得很开心，伸出手想要再次搂住母亲。就在这时，母亲继续说道：'爱我就把你的手拿远点！'这样，患者只与他的母亲待了几分钟，患者的母亲离开后，患者袭击了一个医院助手。

"除了基因、遗传、养育方式等因素外，孕妇在分娩时的难产和怀孕时的病毒感染也会造成精神分裂症。比如，在分娩的过程中缺氧，大约30%的精神分裂症患者都曾经历过分娩缺氧；怀孕六至九个月时是胎儿中枢神经发育的重要时期，这一时期感染病毒的话会使大脑发育受损，可能引起精神疾病。"

作者："哦哦，这样啊。那么园长，如果人们在出生时和还是胎儿的时候并没有受到什么不良影响，他们长大后仍然患上精神分裂症，这是什么原因呢？"

园长："实际上是这样的，成人的大脑中有一种物质，如果它分泌得不均衡，在有些区域分泌得过多，有些区域分泌得过少，就可能会导致精神分裂症。"

作者："到底什么物质，这么厉害？"

园长："热恋中的人们应该对它再熟悉不过了，它就是多巴胺！爱情其实就是脑子里多巴胺大量产生的结果。这个东西能让人开心快乐充满情欲，有时还会叫人上瘾。

"生物成因我就说到这儿，到了该好好说说精神分裂症心理学成因的时候了！"

作者："我一直在等的就是这个。"

园长："开始了啊！

"上帝使人灭亡，必先使人疯狂！一个人如果放弃和背叛了现实，实际上就毁灭了自己。这一点在精神分裂症中体现得尤为突出。因为精神病患者不顾一切禁忌，无视任何现实，以一种混乱的、不可理解的方式来表现他们的疯狂！

"有时候，他们的行为是如此明确，如此极端，如此富有个人色彩地背离现实，以至会带给我们一种错觉，认为这些人是在用某种独特的方式保护自己，以逃避一个让他们感到充满敌意的世界。然而实际上，这种逃避是病态的，只是因为他们的爱与恨不能从童年的土壤中移植到外面变化着的世界的新要求中去。

"因此精神分裂症的根本原因就是原本应向外投放的爱与恨返回到自身！与自杀相同的是，这时他们的这种巨大的无处投掷的能量便开始在自己体内翻云覆雨；但与自杀不同的是，他们不会让自己真的死去，而是幻想自己已经死了，或者自己身上的某一部分已经死掉了或不存在了。下面就来看看精神分裂症患者是如何在精神上毁灭自己的。"

方式1："万物皆空"

患者是一位四十多岁的老处女，她一直跟父亲生活在一起。父亲缠绵病榻终于死去后，给她留下了一笔可观的遗产。但是不久她就迸发出了一连串令人眼花缭乱的症状，其中的典型表现是坚称一切事物都不是真实的！

医生："你说一切东西都不是真实的，还是说仅仅是因为你感觉不到它们而已？"

她一边坐在椅子上前后摇晃一边说："我想不到任何东西，也感觉不到任何东西，那是因为我什么都不是，只是坐在这里而已。这间房子环绕着我，你坐在那里，我看见了你，但是你对我毫无意义。即使我看见我的家我也认不出那是我的家。我对任何东西都不感兴趣，因为任何东西都不存在！"

医生："你可以用手摸摸自己的脸，感受一下自己的存在啊？"

她一边用手摸着脸一边说道："我没有脸，我什么都没有。我没有眼睛，那不过是两个洞而已。不，你不明白。我没有眼睛，没有耳朵，什么都没有，只有这个（摸着她的脸），而这也并非脸。只要我坐在这里我就什么也看不见，什么也听不见。其实什么都没有，大家都是不存在的。"

接着医生又问了她一些乘法题和地名，她都答得上来，但是回答完她会紧接着说："但这并不意味着什么，它们跟我没有任何关系，我想一个人要是什么都不是的话，那他的处境真是糟糕透顶！"

三个月后，她的病情加重，开始变得十分好斗，经常殴打企图给她喂食的护士和医生。然后她开始抓自己的眼睛，有一次甚至想把一根大头针钉进自己的眼睛，她的理由是："因为那地方是空的，没有眼睛。"

将近一年过去了，在这一年中，她有过一些快乐和精神健康的时光，但更多的时候深信自己已经死去，她对身边人一次一次地重复说她已经死了。

杀人的愿望、被杀的愿望和爱欲，在这里再一次出现了。

对这位患者深入的调查表明，她真正的忧郁和焦虑来源于自己对自淫的渴望（爱欲），渴望性交流，渴望性满足。在发病前的很长一段时间内，她显然是能战胜这种渴望的，但最终却不得不对它让步，于是立刻被一种强大的罪孽感压倒。她由自淫联想到疾病，又由疾病联想到父亲的死，对这些她感到无比羞愧和内疚，因此后面认为自己是不存在的，妄想便可以被当作一种惩罚，来让自己赎罪（被杀的愿望）。她也正是用这种方式在精神上"杀死"了自己（杀人的愿望）。

方式2："消灭超我"

患者原本是一个富裕家庭的长子，他的父亲是一个小商人，虽然是家庭的支柱，却是一个心情阴郁的人。父亲在他十二岁的时候自杀，这使得他小小年纪就不得不承担起家庭的重担。于是他吃苦耐劳，终于在三十岁的时候通过辛勤的努力爬到一家大型集团公司分公司经理的位置，亲属和家人也把他视为骄傲。

在事业一帆风顺的时候，他的一个错误决策让公司蒙受了严重的经济损失。他因为这一错误而悔恨不已，尽管公司并没有因此对他进行处分，他自己却感到强烈的内疚。事情发生后长达一个多星期的时间他都没有来上班，也不接电话。公司派人四处寻找，最后他们在一家大型的豪华宾馆找到了他。那时，他正准备执行他擅自为公司制订的新计划，房间里挤满了前来签订合同的客户代表。当他看到公司的同事时，突然一下子性情大变，掀翻了桌子，指着对方破口大骂，并上前与之厮打起来，场面一度非常混乱。事后他不收拾残局，在众目睽睽之下大摇大摆扬长而去，又继续跑到酒吧里跟一大群素不相识的人宣扬他们公司的项目计划……

公司方面担心他再这么闹下去会对公司造成无法弥补的损失，急忙通知他的亲人赶来将他带走。随后他被安置在一家精神病院中。

在这一案例中，大家可能会注意到病人父亲自杀的这一细节。正是父亲的死使患者担负起家庭的重任，也为他日后的病发埋下伏笔。患者仿佛注定了不仅要与父亲竞争，并且还要胜过父亲。在这一点上他的确成功了，他已经代替父亲成了家中的顶梁柱。不过这种成功显然不足以满足他对更大的成功、超越父亲的渴望。

这种扩张的欲望可以被看成一种侵略，甚至一种进攻（杀人的愿望），但同时对父亲的爱又会让他为与父亲竞争并超越父亲感到内疚（良心，被杀的愿望），后来他所犯的错误使公司损失巨大，更加重了他的精神负担。最后在内心矛盾力量的疯狂冲突中，在紧张状态达到难以负荷的地步时，他便开始了自我毁灭。

不过他并不像他父亲那样彻底杀死自己，而是仅仅杀死他的超我。大家都知道超我在人格结构的最上层，是道德的我，正义的我，制衡和监管着本我和自我。那么杀死了超我的他会是怎么样的呢？他的灵魂彻底"解放"了："我并不会因为父亲的死而感到罪孽，并没有为想超过他而感到内疚，我也并没有因为我给公司造成的损失而感到内疚。即使我骂人，酗酒，嫖妓，我也不必为此感到内疚。我对任何事情都不感到内疚！恰恰相反，我觉得自由无碍。我的思想和行动都不受任何限制。只有那些蠢材和庸人才受这些限制。我自由，强大，快乐，能够随心所欲地做我想做的一切。我没有任何烦恼，没有任何遗憾，没有任何恐惧。"

因此这名患者出院后便不停地酗酒，打架，挥霍钱财……而在此之前，在他的"超我"未消亡之时，他是一个严守道德，从不喝酒，从不骂人，生活十分节俭的人。

园长："喂，你还在听我说话吗？"

作者："那当然了，我一直在听，很用心地听。"

园长："这么说你是在注意我了？"

作者："什么注意？"

园长："Attention（注意）！我要来说说'注意'的问题。假如说，我们正在教室里聚精会神地听讲，突然从教室外闯进来一个男人，这时我们会怎样？我们会不约而同地把视线转向他。"

作者："那还得看帅不帅。"

园长："别打岔，不管帅不帅这时我们都会把目光转向他，不由自主地引起了对他的注意。在这种情况下，我们对要注意的东西没有任何准备（因为他是突然出现的嘛），也没有明确的认识任务（管他是谁呢），这便是'不随意注意'，就是不用心的消极被动式的注意。这种注意不需要我们的意志做努力，而是单纯的对刺激物本身做出的条件反射。

"这时，老师开始要求我们阅读一篇论文后站起来回答一下自己的感受。由于认识到学习这篇论文的意义（得起来发言啊），我们便自觉、自动地将心理过程集中指向这篇论文的内容，积极地努力地选择论文提供的各种信息。这时如果身边有什么干扰（身边有人捅你，让你来看新来的帅哥），又或者学习中遇到了什么困难，我们都会通过意志的努力，将注意力始终保持在这篇论文上。这种情况就是'随意注意'。和'不随意注意'相反，它是一种有目标的积极主动的注意，如果说动物也有'不随意注意'的话，那么只有人才有'随意注意'，很高级哟！

"但是还有一种注意是介于两者之间的，它既有'随意注意'的目的目标，也有'不随意注意'的不需要意志的努力。这是一种什么情况呢？就好比说你在织毛衣，你是努力要把它织好的（有目的），但是你又可以边织毛衣边聊天，边看电视（不需要意志的努力），那么这种注意就是'随意后注意'。"

作者："哦，注意原来有三种，'不随意注意'、'随意注意'和'随意后注意'。你说这个干吗呢？"

园长："我是想说精神分裂症患者存在着注意缺陷，就是上边的这几个'注意'在他们那里被搞得一塌糊涂。他们不能只对相关的或者真实的刺激做出反应，从而导致精神分裂症阳性症状（妄想、幻觉）的出现。

"一般来说，我们所有人都倾向于在同一时刻考虑多件事情。在看书的时候，你的思维可能转移到其他事情上，如考虑今晚吃什么好呢？或者明天的约会穿什么衣服好呢？我们大多数人能够区别与当前情况相关或不相关的想法，可以消除大部分无关的想法。不随意注意、随意注意、随意后注意拎得很清。

"但是精神分裂症患者却失去了这种辨别相关与不相关、真实与非真实的能力，结果他可能感觉每一个想法和形象都是相关的和真实的。

"例如，患者正试图维持自己与朋友的谈话，可是有关她在昨天晚上看到的电视节目中的内容就会插进来。与正常人不同的是，精神分裂症患者难以分辨信号（当前的谈话）和噪声（昨晚看的电视节目），于是出现下面这样的状况：

"朋友：'我跟你提的那件衣服你觉得怎么样？'

"患者：'那个结局不是我喜欢的，男主角不应该死的！'

"患者的回答在途中突然接上了电视节目中的内容，并且他自己完全没有意识到已经跳入了一个与之前谈话完全不相关的新话题。总之，他不能在一段时间内把注意力集中在某一想法上，那么就很难维持一个具有连贯性的思维和交谈过程。

"心理学的成因我就说到这里了。"

作者："说得很不错！你说哪一类人最容易患精神分裂症呢？排除一些先天的因素。"

园长："你觉得呢？"

作者："压力过大的人？"

园长："没错，是压力过大，但哪一类人生活压力会过大呢？"

作者："夹缝中生存的人？"

园长："没错，就是那一类人。他们属于城市的贫困阶层，从事地位较低的职业，或者失业。"

作者："这个我很有同感。因为在平时生活里，每当我为一些琐事愁苦郁闷的时候，我妈就看不惯，嚷嚷着把我送到山沟里我就舒服了，就不难受了。这点我完全赞成，前提是我打小就生活在山沟里，从来没来过城市。

"如果说我生于城市而你半路把我送过去的话，估计我会比现在更愁苦，就像现在很多生活在城市底层的人面临的窘境：山沟中的生活水平（可能有点夸张），城市的生活标准。

"于是你懂的，在山沟里可以生活得幸福，是因为放好羊了，种好地了，我就一将功成万事足了。如果这时你再跟我说要弄什么时髦发型，穿什么品牌的衣服，那就有点胡扯了，俺们村桂花的那条乌黑亮丽的大辫子就是最美的。

"在城市里也可以生活得很幸福，是因为我的收入能让我很好地享受城市为我提供的一切，吃得好穿得好玩得好，房子车子应有尽有，不为生活发愁，确切地说是不为城市标准的生活发愁。

"所以，难就难在那些生活在夹缝中的人，上不来下不去，受着双面夹击，被压得喘不过气来，因此这种阶层的生活压力比起上面的两个阶层来肯定要大了很多很多。

"…………

"对不起，园长，我忽视你的存在了。"

园长："没有，你正好说出了精神分裂症的部分社会成因。"

作者："听说精神分裂症主要是靠药物来治疗的？"

园长："没错，精神分裂症急性发作起来，必须首先服用药物给予控制。但确实像很多人说的，精神类的药物都很昂贵，而且对人体的副作用非常大，并且很多患者要终生服药。"

作者："我听说副作用有虚弱无力、口干舌燥、视力模糊、流口水、性功能障碍、视觉障碍、体重增加或减少、便秘、女性月经不调等等。"

园长："那些还都不算什么，至少表面看上去不那么明显。有的患者服药后会出现类似帕金森症的症状，肌肉僵硬，面部肌肉紧张，且严重颤抖和痉挛。更有甚者会出现包括舌头、面部、嘴和下颌的无意识运动。患者可能不自觉地咂嘴，发出吮吸的声音，伸出舌头，鼓腮或反复做一些古怪的动作。"

作者："哦，你说的这种情况我好像在电视剧里见过。那么除了服药以外还有哪些心理治疗方法呢？"

园长："说到这个我要先跟你提一个理论——斯金纳的操作条件作用。提到'条件作用'这个名词你们应该会想起巴甫洛夫的经典条件作用吧？呵呵，斯金纳和他不同，所以名字都不同——操作条件作用。不同之处在哪里呢？先来看个图式。

"经典条件作用：刺激——反应——形成行为。

"操作条件作用：操作——强化——形成行为。

"巴甫洛夫的经典条件作用是有机体受到环境的刺激，然后被动地对刺激做出反应，这样形成了行为。比如狗受到肉的刺激就无助地流口水了。而斯金纳的操作条件作用最初是一种自发的行为，就是无意间做出来的，如吹口哨、站起来、小孩丢掉一个玩具又拿起一个玩具等，接着用一种手段对这个最初的动作加以强化，然后形成一种行为。

"举个例子来说，大家可能再熟悉不过了，有一种养宠物的小箱子，箱子中配有一种装置，可以让宠物自己通过按压里面的机关来获取食物和水。这种行为的原理便是操作条件作用。

"操作（自发的行为，偶然一次按到机关）——强化（没想到却获得了食物和水，很开心）——形成行为（想喝水和吃东西的时候我就去按那个机关好了）。

"就是这个样子了。

"根据他的这个操作条件作用原理，在对精神分裂症患者的治疗中我们用到了一种所谓的'代币制'。通过做出某些适当的行为，患者可以赢取代币，并用这些代币换取一些特权。比如通过完成指定的任务（整理床铺等），或者与其他人进行一次正常的交谈，获得看电视或者在院子里散步的权利。"

作者："代币制让我想起了我们玩的游戏，在游戏中也是通过完成一定的任务得到奖励换取更好的装备。"

园长："没错，游戏也好，其他类似的活动也罢，都是运用了操作条件作用强化你的动作，让你养成某种行为习惯。"

作者："园长，我想知道除了督促患者按时服药和积极地参与心理治疗，患者的家属还能为他们做些什么呢？"

园长："嗯，这个问题也是患者家属经常问到的，那我就在这里提几点建议好了。

"首先，病人的家属要有幽默感！"

作者："呵呵，我头一次听说还有这个。"

园长："觉得奇怪吗？事实是这样的，患者家属在接触患者的过程中一定要保持幽默感，以及对患者荒诞行为和想法的理解。家庭成员不要嘲笑患者，有时候反而要和他们一起笑。比如在一个家庭中，儿子总是在秋天病情复发需要住院治疗，一个典型的家庭笑话就是儿子总是在医院里雕刻南瓜（万圣节）。

"其次，对疾病的接受。

"接受疾病并不意味着放弃治疗，而是接受这种疾病不能根除的现实。要做到这一点，就要求家里人习惯这种病的存在，放宽心态，不要再迁怒于自己、患者、上天等等。只有接受它才能很好地正视它，也才能够真正地战胜它。

"第三个，要保持家庭的平衡。

"照顾精神分裂症患者并不是一件容易的事。一些家庭把病人的需要放在其他家庭成员的需要之上，这种情况容易导致家庭走向破裂，因为被忽略的家庭成员可能会因此产生怨恨和敌意。家庭必须要做到既考虑到病人的需要，也考虑其他成员的需要，平衡他们之间的关系。这就要求照顾病人的成员要经常变动，而不是由一个人独自完成，这样大家都可以体会到个中辛苦，也能更好地理解对方。

"最后，要降低现实的期望。

"如果患者在患病之前曾经拥有过一个非常光明的未来，那么在患病的情况下，这种未来可能就不复存在了。所以家属不能还拿过去的标准来衡量现在，否则这些压力可能会转嫁到患者身上，使其出现严重的症状。

"关于精神分裂症，我想说的就已经全部说完了。"

重口味心理室诊疗记录

我总是觉得我的身体里有两个人吵架！就像一个天使一个恶魔，常常为了一点小事而矛盾着，有时候会控制不了自己的情绪，但我的思维是清晰的！身边的人总是说我像变色龙一样，变化多端！给点意见好吗？挺苦恼的！

作者解答

很多人都会有你这样的情况，所以不用紧张，放轻松。找到情绪产生的根源，自我调节。

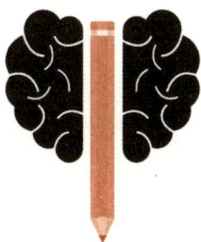

第十三篇

强迫症：

失控的身体

你的大脑中是否总是不受意识控制地涌入一些想法、影像、观念或冲动，并因此感到严重的焦虑或精神紧张？你是否总是觉得自己必须完成某些重复的举动或心理活动，并一遍一遍做个不停？

作者："欢迎大家来到第一届'我强迫我秀'的海选现场，我就是本次海选的主持人，大家好！

"你的大脑中是否总是不受意识控制地涌入一些想法、影像、观念或冲动，并因此感到严重的焦虑或精神紧张？你是否总是觉得自己必须完成某些重复的举动或心理活动，并一遍一遍做个不停？如果你满足以上条件，不管你是十八岁还是八十岁，你都可以来参加'我强迫我秀'的选拔活动。这里将给你一个展现自我的舞台，一个超越梦想的机会！

"下面有请 1 号参赛选手出场！"

1 号："主持人，各位评委，各位观众大家好！

"我从六岁开始就总是做些奇怪的事情。起先，我会反复吞咽口水，后来因为担心失去任何一滴口水，每次吞咽口水时我都蹲下用双手接着，再后来我会边吞咽口水边眨眼努嘴。总之每次吞咽口水时我都必须做点什么，都是没有原因的，因此我感到害怕。可是如果不这么做的话我就会感到很不舒服。虽然我曾尝试克服这些举动，但每次都以失败告终。不能停止这些行为让我太沮丧了，可是我别无选择，我必须得那么做。

"我试过把这些告诉妈妈。妈妈问道：'你做这些奇怪的事是为什么呢？'我回答：'因为我不想损失任何口水。'然后她说：'你老娘我可不是那么好耍的！起开，我还有事做。'

"可是我告诉她的就是实情啊，我不想让一点口水流失，我就是不想嘛。所以我再也不想把这件事告诉别人了，大家都会认为我疯了。妈妈后来发现了事情真像我说的那样，就带我去看医生。可我不想看医生，我甚至都不想再谈起这事，谈起它就让我觉得心烦。我希望能永远保守这个秘密，不被人知道。现在，口水问题把我的生活搞得一团糟。如果把花在这上面的时间加起来的话，一天大概有三个小时或者更多。这种状况没过多久，我又对厕纸产生了兴趣，我得把它们很费事地撕成条状，而且必须刚好一厘米宽，然后扔进马桶里冲走。为了不让口水弄脏我的手，我每天洗手三十五至四十次，直至双手破裂流血……"

作者："1 号选手已经叙述完毕，下面请评委做简单点评，强迫老师。"

强迫老师："1 号选手的强迫思维主要与污物（口水）有关，这是一种最常见的强迫思维。1 号选手的强迫行为则是仪式化的蹲下、眨眼努嘴、洗手等动作。"

作者："评委老师点评完毕，下面有请 2 号选手出场。"

2 号："大家好。

"当时，我正以每小时五十五英里[1]的速度行驶在去参加聚会的路上。公路上空无一人，我系好安全带，小心翼翼地遵守一切交通规则。这时，强迫症突然袭来，几乎像变魔术一样扭曲了我对现实的认识。虽然公路上空无一人，但是我突然可恨地认为自己肯定撞了人，并且是一个活人！鬼知道这种奇怪的念头从何而来。我寻思了一会儿，对自己说：'这太扯淡了，我没有撞到任何人。'但是，焦虑还是向我袭来，我无法排解这种痛苦，情绪变得非常糟糕。

"我努力想用现实驱赶这种怪念头，我开解自己：'如果确实撞了人，那我是应该感觉得到的。'这个自我安慰很快就解除了我的痛苦，但只是暂时的，因为不久怪念头又会出现：'万一真撞到了而我没有察觉呢？'一时间一种巨大的罪恶感油然而生，额头开始不住地冒冷汗，胃也因此疼了起来。

"于是我再次试图平息这种疯狂的恼人的念头，我对自己说道：'嘿，你在胡思乱想些什么！'但是那些可怕的感觉也马上回击道：'你的确是撞了人的！'我开始冥思苦想：'也许我真的撞了人，却没有意识到？哦，我的天啊！我可能撞死人了，我必须返回去察看一下！'现在我还在冒汗……我祈祷

1　英美制长度单位，1 英里等于 1.6093 公里。

自己没有粗心大意做出这种残忍的举动。我脑子里疯狂地闪过好些奇怪念头，我希望陪审团大发慈悲，我还特别担心父母不能原谅我，毕竟我现在成了阶下囚。我心想，赶快回去弄个水落石出，这样就可以摆脱痛苦了！

"显然在这场搏斗中，强迫思维最终是轻而易举地占了上风，现实对我来说已不再具有任何意义，我的感觉系统已经无法正常工作。我必须摆脱这种痛苦，我知道唯一可以摆脱痛苦的方式就是验证这个怪念头是否属实！于是接下来我返回原处检查马路上是否留有事故的痕迹。"

强迫老师："这位选手的强迫思维是开车时产生撞到人的想法，担心自己成为'撞人逃逸'的司机；这位选手的强迫行为则是'折返'，折回驶过的车道以便再次确认有没有造成交通事故。"

作者："好的，2号选手叙述完毕，下面有请3号选手出场。"

3号："大家好，第一次参加这么大型的比赛我还是比较紧张的，请大家多多关照！

"自我六岁起，我要求生活中的一切必须尽善尽美。衣服必须以特定的方式折叠，衣橱里悬挂的衬衫的间隔必须不多不少刚好两厘米，而且所有衣架都必须朝向一个方向。书按字母顺序排列码放，所有书离书架边缘的距离必须一致。我的皮鞋每天都擦得光亮如镜。如果做作业时橡皮擦在纸上留下一点污迹或一个小小的洞，我会把整个本子毁掉重新做这份作业。因为我觉得如果我不这样做就会给我父母招来不幸，他们就可能遭遇离奇的事故或染上不治之症。我当时觉得自己是这世上唯一有这种感觉的孩子，我认定自己脑子有问题，所以我把这些古怪的行为作为秘密深藏在心里，谁都不知道。

"那时，每个星期六的下午，邻居小孩都在外面一块玩耍，而我也有'玩耍'的东西，那就是待在家里彻底打扫自己的房间！这可不是一般的打扫，我首先把床铺拆开，掸掉床后木板和床上的灰尘。我会在床边转来转去，直到把床铺得平平整整，不偏不倚。床单不能接触地板，床单边缘必须绝对整齐。然后我会把注意力转向书架，用抹布把每本书都擦干净——封面、边缘、背面、底部、顶部，每一个表面。我把书架的每个角落都擦拭得干干净净，然后把每本书放回原处，小心地保持和书架边缘距离一致。仅打扫书架一项就要花掉两个小时的时间。每个月我还要进行一次大扫除，把所有家具都从墙边挪开，擦拭家具后面的灰尘……房间里的所有物品都经过清洁剂和吸尘器的打理。每件物品都闪闪发亮，尽善尽美。

　　"至此，你也许会觉得我只是一个行为有些古怪的有洁癖的小男孩，但是你们不知道我这么做的原因。像我前面提到的，我如果能把每件事都做得妥妥当当，我的父母就不会死去，只有这样才能减轻我内心的焦虑和痛苦。每天晚上，我必须把摘下来的眼镜以特定的角度放在梳妆台上。有时，我会接连八次开灯起床，直到眼镜的投影角度令我满意为止。如果角度不对劲我就会十分痛苦。如果没有以我认定的身体姿势进出房间，如果衬衫没有完美无缺地挂进衣橱，如果不以某种方式阅读文章的某个段落，如果我的手和指甲没有彻底清洗干净，我就会觉得父母会因为我的不当举动而丧命。

　　"强迫症与我的成长如影随形，长大后我又出现了新的症状：每当我路过某个广告招牌时，我必须一字不差、准确无误地念出上面的标语，否则我就担心每个星期四出差乘坐的那班飞机会坠毁。我不由自主地无休无止地担心星期四的航班，为了保证灾难不会降临，我要严格地遵循一些仪式。我清楚地记得自己曾在一个狂风大作的秋天的夜晚站在一家商场的橱窗前，把里面一款手表的广告语从头到尾读了至少二十五遍，胃和胸口一阵绞痛，感到恶心。我一点也不怀疑如果我不能一字不差地念完它，我搭乘的飞机就会在飞至半空时变成一团火球坠落地面。但是圆满地念完这则广告意味着从头到尾没有一丝犹豫，流畅自如。即使有一丝走神，一点小的停顿，我也必须重新开始。我一遍又一遍地念着这则广告，大约四十分钟后，我终于大功告成！"

　　作者："3 号时间到！"
　　强迫老师："哎哟，3 号的情况不少啊！他的强迫思维有对意外事故的担心与对家人遭殃的恐惧等。强迫行为有'坚持对称性'（如衣服的摆放有固定的距离，不断地重新安排眼镜或架子上的书等），过度的无意义的复述（一遍遍地重复广告语）。"

作者："下面有请 4 号选手出场！"

4 号："各位好！

"我今年十九岁，是大学一年级的新生，主修哲学，因为强迫行为影响了生活能力，从学校退学。我在洗手或者清洁上花了太多时间，以致我无法做其他事情，所以我干脆放弃了个人卫生问题，从此就不洗澡了！因为我一洗澡就几乎停不下来，除此之外我也不理发，不剃胡子，以及不换衣服。为了避免去厕所——因为到了那里我会控制不住地洗手——我在纸巾上大便，在纸杯中小便，然后把排泄物存在储藏室。

"我很少离开房间，只在深夜家人睡了以后才出来吃饭。为了能吃饭，我先深深地呼气，发出啜啜的响声，咳嗽，不断地干咳，然后趁肺中没有空气的时候，把尽可能多的食物填在嘴里。我只吃一种花生酱、糖、可可粉、牛奶和蛋黄酱的混合物，因为我认为其他食物都是受了污染的。

"我走路的时候，总是用脚尖迈小碎步，还不停回头看，一遍又一遍地检查，因为不这样做我觉得我的家庭会发生灾难。我还会把左边的胳膊从衣袖中完全褪出来，好像是残疾人，因为这样做会让我心里舒服一点。"

强迫老师："4 号选手也表现出了和污物有关的强迫思维，并且严重到了影响他的正常生活。他的强迫行为有'折返'和仪式性的清洁。"

作者："我们接下来继续，有请 5 号选手！"

5 号："大家好！

"我是一名工程师。每当我离开公寓的时候，我都坚持回去检查灯和煤气是不是关好了，还有冰箱门是不是还开着。有时我会在电梯里想起这些然后返回，有时则是在车库里。当然仅仅返回一次是不够的，有时会重复十几次。我之所以这样做是因为害怕我的疏忽会对他人造成伤害。我总是这样胡思乱想着，觉得只要我没关好灯，就会引发一起电力事故；只要我没关紧煤气阀门，就会引起煤气爆炸。

"我梦想自己能在某个孤岛上生活，这样我就不用时刻担心因为不小心的疏忽而伤害到其他人，如果说要伤害的话也只能是自己。可是即使一个人，我仍然有我的担心，因为昆虫也是个问题。有时候我倒垃圾时就会害怕踩到蚂蚁，我盯着下面看是否有蚂蚁在痛苦地挣扎和蠕动。上个星期我在池塘边散步，但是完全不能乐在其中，因为我想起了这是产卵的季节，我担心会踩到鱼卵。

"后来我萌生了一种想法，认为我每天睡前要是能念一段祈祷词或许就能避免带给别人伤害。这种想法很快付诸行动，并逐渐演变成了一种仪式，我每天祷告的次数必须是六的倍数。如果我在祷告六次的时候出现一次差错，那就必须从头开始祷告十二次。如果再出错，我又必须从头开始，祷告十八次。有几个晚上，我为了保证在睡前正确地祷告而彻夜未眠……"

强迫老师："5号的强迫思维是对安全的怀疑（认为自己没有锁好门，没有关好煤气）和怕伤害到他人（踩到蚂蚁和鱼卵），他的强迫行为是过多地检查煤气阀门和门窗，过度地无意义地反复祷告。"

作者："接下来有请6号选手登场！"

6号："在场的各位，大家好！实不相瞒，我是刚被放出来的，因为有人告我虐待动物。是这样的，他们在我的家中发现了六百多只动物，堪称一个小型的动物园。他们说其中一些已经死了，另一些也病得快要死了。但是我个人认为这些动物是得到了很好的照顾的，而且我认为自己的家很干净。我拒绝交出任何动物，我担心它们离开我会死掉。除了收养动物外，平时我还喜欢收集大量的报纸和杂志，旧的书籍和唱片，或者在大街小巷散步时发现的东西。这些东西如此之多以致我的住处已经变成一个仓库，不能用来生活了。后来我不得不把这些物品堆放在院子里，惹得邻居们怨声载道。

"最近我的收集行为被强行制止了，因为前不久我开辟了一个新的领域——捡垃圾。我在房子周围堆满了垃圾，有人看到后就报了警，说我这么做有引起火灾的危险。于是他们开始收缴我的所有藏品，其中还包括一条我二十年前用过的卫生巾！"

强迫老师："6号口味太重了，哎呀……"
"6号主要表现出了两种强迫行为——收集和储藏，如花费很大的努力去收集琐碎的物件。极不情愿地扔掉报纸、奶瓶、食物包装等。"

作者:"呃,好了,比赛到这儿也要接近尾声了,下面请出最后一名参赛选手——7号!"

7号:"各位观众,各位评委、主持人,大家好!

"我今年二十六岁了,我的问题是在性方面总是有一些可怕的想法,而且无法摆脱。这些想法几乎整天都会在我的脑海中不断出现,你们猜是什么?就是一些我与家庭成员(尤其是我母亲)间的乱伦的性想象,这让我非常痛苦。我自己心里是清楚的,这些想法是不应该的,因此我感到十分羞耻。我曾尝试用大量的行为来压制这些想法,如绷紧所有的肌肉或者疾步快走,但是都没有效果。

"并且我最大的问题是,我在以我母亲为对象的性幻想中真的能产生冲动。你们可以想象一下那有多可怕吧,我怎么能和自己的生身母亲做爱呢?这太荒唐了!为了避免这种想法,我唯一能做的就是逃避。起初,我只是躲着不见母亲,但随着时间的推移,我开始躲避所有女人,所有会使我快乐从而能激起性欲的活动。如果我在做这些令人愉快的事时有了一丁点性的冲动,我便会立刻终止这个活动,然后转身离开。所以我交不到任何女朋友,就更别想结婚了……"

强迫老师:"最后一位选手7号出现了对'非正常'性行为的担心。"

作者:"好了,比赛到这儿就结束了,前十名已经诞生!"

记者:"等一下,总共就七个人参赛。"

作者:"嗯,你瞎说什么实话!好了,十强已经诞生,比赛已经结束,大家散场吧!"

记者:"作者你别走,我还有很多问题要问你呢。首先,什么样的情况才算是强迫症?"

作者:"这个一开头就提到了,强迫症患者必须表现出强迫思维或强迫行为,并且知道它们是过度和不合理的。"

记者:"能再分别详细说说强迫思维和强迫行为的内容吗?"

作者:"这些你从七名参赛者的表现就能看出来啊,那我就再来简单整理一下吧。

"我们先说强迫思维。正像上面几个案例中已经出现的，最常见的强迫思维有以下几个。

"不洁物：认为手上总是有污垢，认为碰到卫生间的马桶座会染上疾病，等等。

"侵犯冲动：当抱着婴儿时突然有将之一脚踢飞的冲动，把某人推到火车前的冲动，自己跳到汽车前的想法，希望某人去死，反复出现打人的冲动，在公共场合大喊大骂的冲动，等等。

"性的冲动：举个例子，一名年轻的非常有涵养的女士来就诊说，她坐公共汽车的时候，如果有一位男士坐在旁边，她就会冒出抓一下他胯部的冲动！"

"对称的需要：要以完美的顺序摆放物品，避免踏上人行道上砖头的裂缝，上单数与双数楼梯台阶时要分左右脚，等等。

"对安全和记忆表示怀疑：认为自己没有把门锁好，认为自己没有关紧煤气阀门，等等。

"强迫思维说完了，再说强迫行为。

"对许多强迫行为，重要的并不是做什么，而是如何去做。强迫行为最典型的特征就是'仪式化'——一个仪式要涉及一系列固定的步骤，并且有清晰的开始和结束。

"比如频繁地、非常仔细地、仪式化地洗手，早晨起床之前在某个固定时间背诵一小段'魔法咒语'。读书或者看报之前默默地背诵字母表等。

"这个问题我就回答完了。"

记者："我想知道强迫思维和强迫行为之间有什么必然联系吗？"

作者："是这样的，强迫思维通常会导致强迫行为的产生，但是并不是每个强迫症患者都会出现强迫行为，比如我们的7号选手，他总是有与母亲乱伦的冲动，但其实并没有这么做。无论是强迫思维还是行为，两者都会对患者造成巨大的痛苦。"

记者："我感觉我有时候也会有你提到的强迫思维和行为，所以我觉得正常人也会有这些症状，只是没有那么严重对不对？"

作者："是的，正常人与强迫症患者的不同之处就在于强迫症状的程度，而不是内容。也就是说强迫症患者的强迫症状严重到了影响自己正常生活的地步。"

记者："但是精神分裂症患者有时候也有强迫的行为，比如总是重复做一个动作，这个该怎么解释呢？"

作者："精神分裂症患者和其他心理疾病患者的最大区别之一，就是他们丧失了自知力！就是说精神分裂症患者的强迫行为在他们自己眼中是正常的，他们没觉得这是病，而强迫症患者是十分清楚自己行为上的这些问题的，有的还会主动求医。"

记者："说到这儿，我想起一位同事跟我提到的事，说有个人总是不停地自言自语，说脏话，我想问问这是不是一种强迫症呢？"

作者："哦，巧了，在回答你这个问题前我先给你讲讲我最近经历的一件事吧。

"那一天，我正站在一个办公窗口前排了好长的队伍里等着办理证件。就在这个当口，排在我身后的那位伙计突然低声咒骂起来。一开始我以为他是对办公效率不满，后来仔细一听，这些脏话没有任何必要的逻辑性的联系，而且慢慢地，不堪入耳的污言秽语也多了起来，中间时不时还会像猪打呼噜一样喘叫两声。我便察觉了他的'不同凡响'。其间我曾斗胆回头看了他一眼，发现他不是单纯地在骂，而是配合了表情。他的脸部肌肉不停地抽搐，眨眼睛，�’嘴巴，扮鬼脸，耸肩膀，一时间自己玩得摇头晃脑好不热闹。由于办理的证件非常紧要，没法走开，就这样，在接下来的近一个小时我饱闻了世间最下流的脏话，身后的衣服也变得有点潮湿……

"事后我去翻资料，发现遭遇的这位仁兄就是传说中的'抽动秽语综合征'患者。它有时很容易和强迫症混淆在一起，而抽动秽语综合征的特点就是强迫地反复说某些词语（往往是淫秽的词），或者是咕哝。有人断定著名的作曲家莫扎特就患有抽动秽语综合征，因为莫扎特的文字中常常包含一些对屁股和排便的诅咒。

"所以我觉得你说到的这个人有可能也是抽动秽语综合征患者。"

记者："哦，原来是这样啊。"

作者："还有什么问题吗？"

记者："究竟什么样的人更容易得强迫症呢？"

作者："这点就和其他类型心理障碍的患者不同了，患有强迫症的人往往更聪明，也更多地来自较高的社会经济阶层。你想啊，强迫症的最大特点什么？就是追求完美！非常非常追求完美，可能最后呈现出的就是一种病态了，如果他们把自己的完美主义拿出一点点来用到工作上，那就非常了不得了。"

记者："你能说说强迫症的成因吗？"

作者："首先来说'强迫思维'的成因。

"我们知道人的身体里同时有胰高血糖素和胰岛素两种物质。胰高血糖素的主要作用是促进糖原分解，使血糖升高。当血糖升高到一定程度时，胰岛素就会出手，它在大量分泌的同时遏制住了胰高血糖素的分泌，从而使血糖的含量降低。两者就是这样彼此制约平衡着，从而形成了拮抗作用。

"同样，人的精神也存在拮抗作用。比如恐惧时会出现不要怕的心理，受表扬时反而涌现出内疚的感情（因为别人没被表扬），出现对某人的邪恶念头的同时又会认识到这个想法是错误的。正是有了这种情感拮抗的存在，我们才觉得精神安定和有安全感。不理性的观念任何人都会有，只是通常它们都是一闪即逝不留痕迹的。但是对强迫症患者来说却不然，这种拮抗作用在他们那里变得过强了，被颠过来倒过去地想个不停，纠结不休。

"举个例子，许多初为人母的女性由于睡眠不足和照顾新生儿的压力过大而精疲力竭，这个时候她们往往会产生'生出你这个累赘来干吗，干脆扔掉好了'的想法。这种念头会使她们惊恐不安，虽然实际上她们不会真的这么做。

"到这里就产生了一个分水岭："正常人可以马上终止这个想法，她们清楚这些念头可能是由自己情绪不佳造成的，并且随着时间流逝逐渐就忽略和忘记了；但是对强迫症患者来说，她们不仅不会忽略这些古怪念头，还会将这些想法与行动等同起来。当有了扔掉孩子的想法后，强迫症母亲便认为，有这种想法本身和真正做出弃婴的举动是一样严重、一样罪恶的，于是整个人被绕到这种思绪里无法脱身，深受其累。

"在说'强迫行为'的成因之前，我想要大家明白一件事情：强迫症患者的强迫行为并不是为了满足自身的快感，而是为了减轻其情感上的痛苦。

"这时我们再搬出斯金纳的操作条件作用。

"操作——强化——形成行为。即，不经意的动作——得到了加强（愉悦感、奖励等）——形成行为。

"很多强迫症患者在感到焦虑的时候，无意间做了某个动作，然后他们发现，做了这个动作后心里不痛苦了也不难受了，神清气爽精神百倍。那么这种动作对他们来说就算是一种解救和鼓励。当下次患者再感到焦虑的时候，他们还会重复这个动作，久而久之这个动作就得到了巩固，便形成了强迫行为！"

记者："哦，请问强迫症的治疗方法是什么呢？"

作者："这里我们将引出一个新的心理治疗方法——森田疗法！

"佛说，一切众生皆有如来智慧德相，但以妄想执着而不能证得。世上的一切事物都是因缘和合而成，每件事从它的开始到消亡都有潜在的规律。而人生来皆有智慧德相，就是都有认清这些规律的佛性，只是因为妄想和执着才把这些智慧和福报埋没了。所以人生在世要受到生、老、病、死、爱别离、怨憎会、求不得、五盛阴等各种痛苦和烦恼，究其根源就在于自己心中的'执念'！

"森田疗法正是在对这一点的参透下诞生的，所以它是一种讲求顺其自然、为所当为的心理治疗方法。

"何为顺其自然？森田君认为，要达到治疗目的，说理是徒劳的。正如从道理上认识到没有鬼，但是夜晚路过坟地时照样会感到恐惧一样，单靠理智上的理解是不行的，必须在情感上有所改变才可以。而人的情感变化有它的规律：注意力越集中，情感越加强；听其自然，不予理睬，反而逐渐消退；在同一感觉下习惯了，情感也变得迟钝麻木，因此，对患者的苦闷、烦恼情绪不加劝慰，任其发展到顶点，患者也就不再感到苦闷烦恼了。所以要求患者首先要承认现实，不必强求改变，要顺其自然。

"有的人会认为，你要求的顺其自然那不就是对自己的问题不加控制，痛苦就让其痛苦下去，强迫也就一直强迫下去好了？

"如果是这样的话，那就不是顺其自然而是任其自然了，所以这里大家必须先搞清楚什么是所谓的自然。

　　"我们都知道什么是自然规律。比如阴晴圆缺、日夜交替，这些都是大自然的规律，它们是不为人所左右的，而我们必须遵循、接受这些规律才会过得快乐。倘若有人整天都抱怨为什么会有黑夜，或者认为天不应该下雨，那么这就违背自然规律，结果肯定是庸人自扰了。

　　"同样，我们人类本身也存在一定的自然规律，比如情绪，它就不为我们所左右，它本身有自己的一套从发生到消退的程序。你接受它，遵循它，它很快就会走完自己的程序而结束，反之则不然。

　　"举例说，你马上要参加一个重要考试，这时你感到焦虑、紧张，其实这是非常正常的心理反应，如果你不去管这些情绪，它们很快就会消失或者转化为你努力复习的动力，但是如果你认为自己不应该出现紧张或焦虑，那么你就违背情绪的自然规律，焦虑、紧张反而会越来越严重。再比如说一个性格内向的人，他和陌生人说话时会感到紧张和脸红。他越怕脸红就越注意自己的表情，越注意就越紧张，越紧张就越脸红，以致到现在看到熟人也开始面红耳赤了。之所以会这样，原因就是他违背自己的自然规律。他的性格是内向的，而内向的人的特点就是腼腆和害羞，和陌生人谈话肯定会出现紧张和脸红的反应。而他自己却不接受自己的自然规律，并与之对抗，结果必然会惨败。

　　"所以森田君的顺其自然实际上就是让患者认识并体验到自己在自然界的位置，认识到对超越自己能力的自然现实的抵抗是无用的，这样才能具备一种与自然事物相协调的生活态度。一方面接受症状不予抵抗，一方面带着症状从事正常的工作和学习活动，不把躯体和心理症状当作自己身心内的异物，对它不加排斥和打压，有就让它去好了。于是这时再来看那个脸红的家伙，当他可以接受自己脸红的症状，带着'脸红就脸红吧，爱谁谁！'的态度与人交往，反而就不再注意这种感觉了，那么脸红的反应也慢慢消退了。

　　"接着，在顺其自然的态度下我们还要为所当为。

　　"我们很多人都知道性格和思想决定行为，但是却忽略了一点：我们的行动也会造就我们的性格！

　　"强迫症患者的精神冲突往往停留在主观世界中，担心自己伤害别人，担心自己被污物弄脏……他们真是对这些不安的念头想了又想，斗了又斗。

但在实际生活中，强迫症患者往往对引起自己不安的事物抱有一种逃避的态度，比如怕想到和母亲乱伦就躲着不见母亲，怕被污物弄脏就拼命清洗身体……

"事实上，单凭个人主观意志的努力是无法摆脱内心痛苦的，只有通过实际行动才能真正改变自己的想法，于是'不管怎样，先做再说吧！'，也只有这样才能真正提高患者对现实生活的适应能力。就好比要学会游泳，不跳入水中是永远也学不会的。即使你不会游泳，但是跳入水中也是完全可以做到的，然后再在水里逐步学习游泳技术。

"把为所当为运用到强迫症的治疗当中，就是要患者把注意力放在客观的现实中，该工作就去工作，该学习就去学习，该聊天就去聊天，做自己应该去做的事情。当然，也许刚开始的时候心中的杂念仍然会让你感到痛苦，但只要你学会忍受痛苦，痛并生活着，努力去做好现实生活中该做的事，那些杂念、情绪就会在你认真做事的过程中不知不觉地消失了。"

记者："最后你还有什么想说的吗？"

作者："我想说的就是，我们很多时候一味要求自己宽容他人，原谅他人，但又有几个人能很好地宽容自己呢？这便是一种固执，也是很多人心病的症结所在。所以有的时候我们不仅要宽以待人，还要宽以律己，放下执念，宽纳自我！"

记者："鼓掌！"

作者："谢谢大家，再见！"

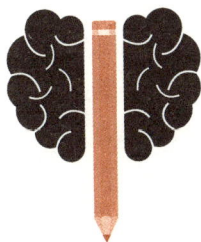

第十四篇

人格障碍：

看不懂的身边人

　　偏执型人格障碍患者会注意到老板面部微小的扭曲，或自己配偶舌头的轻微滑动。正常人谁会注意到这些呢？但是偏执型人格障碍患者不仅对这些细节洞若观火，他们还认为这些东西是非常有研究价值的，值得花精力去解开这些线索，弄清他人背后的真正意图。

有没有常听到"我被某某的人格魅力吸引住了"或者"那谁的人格太高尚了啊"之类的话？

那么究竟什么才是人格呢？

小一有点害羞，小二爱做白日梦，小三这个人多疑，小四非常善于交际，小五太多愁善感了，容易因为一点小事而难过，小六闷得像一棵植物……

这些是什么呢？这些就是一个人特有的包括行为、思维、信念和感觉方式的总和，也就是所谓的人格。但是不能把一个人偶尔表现出的某种特质就当成他的人格，比如有的人见到心爱的人会害羞，但是在朋友面前却人来疯。有的人不仅见到心爱的人会害羞，即使面对已经交往了一段时间的人也会羞涩，害羞已经成为他绝大多数情况下的表现，那么这时才能把它当作他的人格。

有人曾比喻，心情不好是心理上的小感冒。照此来推断的话，人格障碍就是心理问题上的癌症！为什么这么说？从人格的定义就能看出来，人格的根基是如此根深蒂固，不随外部世界的改变而改变。那么人格障碍也是，它的形成绝非一朝一夕，和其他心理疾病不同的是，人格障碍从患者的儿童时期或者青春期便开始了，然后贯穿他们整个成长过程，直至成年依然持续存在，多么死忠！所以说人格障碍本身很难被成功治愈。

说到这里也许你会问，既然这病小时候就有了，为什么当时不去治？

是这样的。首先，人格障碍患者自己可能不会感到任何痛苦，要说痛苦，那也是他们带给身边人的痛苦。其次，人格障碍对患者生活的影响也是缓慢和潜移默化的，可谓温水煮青蛙，不像其他心理疾病来得那么迅猛。同时这种影响也是方方面面四处开花的，比如，一个人极其多疑，那么这种个性特点会影响他做每一件事，包括工作（怀疑同事要阴谋对付他，所以不得不频繁地更换工作）和人际关系（无法相信任何人，所以无法保持长久的关系），甚至包括衣食住行（总怀疑房东不停地找碴而不得不经常搬家）。

什么时候人格障碍患者才会就医呢？就是当人格障碍导致他们患上其他心理疾病的时候，比如人际关系问题让他们抑郁。

在这里我要为大家介绍五种人格障碍，在介绍它们之前我首先建议大家做个测试——九型人格，看看自己是哪一型的。九型人格分别是：完美主义者、给予者、实干者、悲情浪漫者、观察者、怀疑论者、享乐主义者、保护者和调停者。我就是其中的观察者。为什么要提到它呢，是因为我这里要讲的五种人格障碍的前三种分别对应九型人格发展到病态的结果，比如保护者的极端是反社会型人格障碍。

好了，下面我们正式开始。由于前面提到了人格障碍的难治愈性，所以下面的内容不会在治疗部分做过多的介绍。

No.1 偏执型人格障碍（对应九型人格之怀疑论者）

我们从小就失去了对权威的信任。

我们记得那些掌握权力的人有多可怕。

我们记得自己如何在强权的压迫下违背了自己真实的愿望。

长大后，这些记忆依然伴随着我们，让我们对他人的动机感到怀疑。

为了消除这种不安全的感觉，我们可能会选择一个强有力的保护者，也可能站在怀疑论者的立场上，对权威提出批判。一方面，我们希望能够找到一个领导者，把自己的忠诚奉献给一个能够保护我们的组织，比如教堂、公司或者学校；另一方面，我们对权威的怀疑让我们既表现出顺从的姿态，同时又带有怀疑的眼光。

我们害怕代表自己去行动，就像在《三国杀》中不愿意充当主公一样。我们做事也总是很难善始善终，开始可能是一个很好的想法，但是在付诸行动的过程中，我们的思想就会慢慢取代行动，因为注意力从开始的好想法转移到了对这个想法的质疑上。我们会担心有些人不同意这个想法，并站在反对者的角度来质疑。

这种质疑会导致行动的拖延，因为我们在思想上对自己的想法总是抱有一种"是的，但是吧……"的态度，我们迈向成功的步伐也总是断断续续的。我们往往会经历很多工作变更，在我们身后总是会留下一些没有完成的项目。我们走向光明或接近成功时，我们心中的自我疑惑和犹豫感却也在加强。

我们的注意力就像一台红外线扫描仪，总是在环境的各个角落里搜索那些可能对自己产生危害的迹象，总是想检查他人的内心，看看他们的真实想法到底是什么，表面现象的背后隐藏了什么样的事实，微笑面孔的背后又有什么样的企图。

关于怀疑论者就介绍到这儿了，由上面不难猜测出，怀疑论者的极端形式——偏执型人格障碍应该具有的两大特点：敏感和多疑。

敏感到什么程度？偏执型人格障碍患者会注意到老板面部微小的扭曲，或自己配偶舌头的轻微滑动。正常人谁会注意到这些呢？但是偏执型人格障碍患者不仅对这些细节洞若观火，他们还认为这些东西是非常有研究价值的，值得花精力去解开这些线索，弄清他人背后的真正意图。

说到多疑，我们正常人都会质疑一些人和事，这是再平常不过的事，但是偏执型人格障碍患者却把这种质疑发挥到了夸张和病态的地步。比如说，有些患者会把邻居狂吠不止的狗或者一次晚点的航班视为精心策划的针对自己的骚扰。再比如说，丈夫看到妻子晚上回来时脸上挂着高兴的表情，心里就会想："哼，她是不是跟单位里的某个男人有一腿？"

如果这时你要说"你怎么会这么想呢，你真有疑心病！"，丈夫听到后会立刻暴跳如雷，起身便对你破口大骂，因为偏执型人格障碍患者是非常排斥任何合理的反对的，他们认为反对者也是陷害自己的阴谋的一部分。

来看下面这个例子。

A是一个三十九岁的建筑工人，他总是担心同事要伤害他。上个星期，在使用一台台式电锯的时候，他的手滑入了电锯，差点被切掉，A怀疑这是有人对电锯做了手脚。这次事件后，A 发现同事们总是盯着他并且相互低声说着什么。他把自己的怀疑告诉了老板，但老板认为他的想法很疯狂，那次意外也只是因为他不小心而已。

A 没有一个亲近的朋友，甚至他的弟弟妹妹都躲着他，因为他总是把他们的话当作对他的责备。A 的婚姻也只维持了短短几年，因为他怀疑妻子有外遇，要求她不许和任何朋友往来，没有他的陪同不允许外出，妻子因此离他而去。A 的家在一个二线城市的高档小区，这里的治安相当不错，犯罪率很低，但他睡觉时却总把一把军刀藏在枕头下面，他总认为有人可能会突然闯入他的家中。

从 A 的案例中能看出，因为偏执型人格障碍患者的过度敏感和多疑，他们的人际关系，甚至包括亲密关系，都不能维持长久。

再看一个案例：

B 在一个富裕家庭中长大，虽然他从来没惹出过大麻烦，但是在高中时 B 就以喜欢与老师和同学争吵而闻名。高中毕业后，B 就读于一所本地的民办大学，但是一年后就因为考试不及格而退学了。B 退学很大程度上是因为他没有意识到自己的过分多疑，反而认为这是老师和同学联合起来耍阴谋对付他。后来 B 频繁地更换工作，每一次都抱怨说老板在监视他，不仅是在工作时，也包括在家的时候。

他在二十五岁时，不顾父母的反对从家中搬了出去，住在一个偏远的小地方。不幸的是，B 写给家里的信证实了他父母的担忧。B 开始越来越怀疑周围的人企图谋害他。他花费了很多时间在互联网上搜索相关站点，之后发展出一套完整的理论，认为在儿童时期有人对他做了实验。他在写给家里的信中描述道："我怀疑小的时候，一些国家研究人员给我吃了一些药，并在我的耳朵里放置了一个能发射微波的装置。我相信这些微波是用来让我日后得上癌症的。"在随后的两年内，他越来越相信这种想法，并不断给有关部门写信，反映他正在被人谋害。

看到这里大家也许会心生疑惑：人格障碍的这些猜疑和精神分裂症里的被害妄想太像了，怎样区分这两种心理疾病呢？答案是，偏执型人格障碍患者的猜疑其实并没有达到妄想的程度，他们只是深深地怀疑，而妄想则是把不可能和不真实的事情当真。并且，人格障碍患者能在很大程度上维持住自己对现实的掌控，而精神分裂症患者的场面已经基本上失控了。

我有一个肤色较黑的女性朋友曾跟我说过，她觉得白皮肤的人看上去总是一副孤傲的神情，拒人于千里之外。后来她跟我坦白，她之所以会这么想是因为对自己的肤色感到自卑。那么同理，对某些偏执型人格障碍患者来说，对别人的狐疑和敌意可能来自过度的自卑或自尊。

鉴于偏执型人格障碍患者的主要特点是敏感和多疑，所以对他们的治疗尤为困难，因为你要敢说他们偏执，那本身对他们来说就是一种挑衅！那么这时治疗切入点的选择就很重要。来看看下面这位心理治疗师是怎么另辟蹊径的吧。

这名女患者总认为同事试图激怒自己，并且让上司刁难她。

治疗师："你的反应让我觉得你现在好像身处险境，能告诉我发生了什么吗？"

患者："他们总是扔东西或者发出噪声来激怒我。"

治疗师："除此之外呢？"

患者："没有了。"

治疗师："你是说他们没有真的攻击你，只是就这样躲到一旁骚扰你？"

患者："哼，他们确实不敢真的攻击我！"

治疗师："他们这样做有多久了？"

患者："一年。"

治疗师："所以说这么久以来你一直被他们困扰着？"

患者："是的，我感到越来越糟糕，非常郁闷。"

治疗师："既然他们都已经这样做了一年，我想他们还会持续下去的，你觉得呢？"

患者："我也这么认为，这真的让我很烦，但是吧，我也能忍受。"

治疗师："你看我们这样做行不行？首先，既然同事骚扰你的事情还是会发生，我们假设他们还会折磨你一年，那么在这一年时间里，如果你还像你过去对待这件事那样克制住你的愤怒，那么当你回家后，你就有可能把怒火发泄到你丈夫或者其他人身上，这样就让你的生活和人际关系变得很糟糕，你说是吧？如果我们找一些更好的方法消除你的愤怒，或者让你的同事少找一些麻烦，你觉得怎么样？"

患者："嗯，不错呢。"

治疗师："你先前提到你面对的另一个危险是他们可能会向上司打你的小报告，让上司刁难你。请问，他们这样做多久了？得逞的次数多吗？"

患者："从我在那里工作就开始了。次数嘛，不是很多。"

治疗师："现在得逞的次数不是很多，那么你感觉以后是否有增多的迹象呢？"

患者："也没有……"

治疗师："你心底的想法就是总感觉到自己的工作环境是危险的。但是你现在停下来想一想整个过程，你会发现，就像你说的，他们能做的最恶劣的事也就是激怒你。除此之外就是打你的小报告，还没得逞几次。所以你看，即使我不给你提供任何帮助，你依然能很好地面对这一切，你说对吗？"

患者："好像是这样的。"

治疗师："那么下一步，我们就可以根据你的具体情况找到应对这些人和事的更好的方法，他们对你的伤害就可能会更少。"

患者："我看行。"

说到这儿，这个咨询片段就讲完了，我们可以看出这位心理治疗师是怎么找准切入点的：在整个交流过程中，他并没有否定和直接挑战患者对周围事物的想法和看法，而是换了一个角度，通过帮助她重新定义工作环境，即这个环境只是恼人的而不是危险的，来减少患者的恐惧感，同时还鼓励她发展新的应对策略来积极面对眼前的生活。

不知道看到这里还有没有人对人格障碍和精神分裂症分不清楚？通过这个咨询案例我们也能再次对两者做个很好的区分。

首先看治疗师提到的几个问题："你是说他们没有真的攻击你，只是就这样躲到一旁骚扰你？他们这样做多久了？得逞的次数多吗？"

　　再来看患者的回答："哼，他们确实不敢真的攻击我。从我在那里工作就开始了。次数嘛，不是很多。"

　　大家可以看出来，患者对这几个问题的回答是基于真实的现实。不管多么多疑或者敏感，她都没有切断自己与现实的联通。而我们上面提到过，精神分裂症患者与理智世界的接触已经几乎被阻隔，那么他们对治疗师这几个问题的回答情况便可能是根本不做理会，或者答非所问，再或者就是那些在我们看来既离谱又夸张的答案，具体什么内容请大家自行想象。

No.2　反社会人格障碍（对应九型人格之保护者）

　　我们的童年充满了斗争，强者受到尊敬，弱者被人欺负。

　　我们因此学会了保护自己，让自己变成强者。

　　我们是愤怒的公牛，却愿意为弱小者提供安全的保护伞。

　　我们不会在冲突中退缩，相反，我们认为自己是正义的执行者，我们为自己能够保护弱小者而感到骄傲。我们表达爱意的方式也往往是强有力的保护而不是温柔的情感流露。在我们看来，对爱的承诺就意味着让伴侣安全地依偎在自己的保护伞下。

　　我们会通过类似打架这种正面冲突，来考验对方的动机。我们与朋友打架实际上是为了争取更亲密的接触，因为我们认为，真相往往来自正面的对抗。但是一般人不会理解我们，他们只会把我们的怒火看作一种威胁，而不会当作亲密接触的表现。

　　我们强硬的外表实际上是为了保护自己，保护那颗从小就处于危险环境中，渴望找到依靠的心。我们中的许多人自从失去了童年的天真后，就把自己的温柔埋藏在了心底，在我们长大后，再也没有流露出温情。

　　弱肉强食、优胜劣汰就是我们的世界观，同时过度是另一种发泄多余能量的方法，也是我们打发无聊的常用办法。只要是让我们感觉良好的事情，我们就会没有节制地做下去。彻夜狂欢，疯狂工作，直到疲劳过度。喜欢一种食物就一口气吃下三盘。我们喜欢好事接踵而至的感觉，如果参加狂欢，我们一定是那些曲终人散仍不愿离去的人。

　　来看看保护者的极端形式——反社会人格障碍。

我们前面提到了偏执型人格障碍的两大特点分别是敏感和多疑，那么在这里，反社会型人格障碍也有它主要的两大特点——冷酷无情和不能控制的冲动。

提到冷酷无情，可以说反社会人格障碍患者所到之处留下了无数碎裂的心灵、破灭的期望以及空空的钱包。因为他们完全缺乏良知以及同情心，仅仅是自私地拿走他们想要的东西，做他们高兴做的事，视社会规范以及他人的愿望如无物，不会感到一丁点的内疚或者悔恨。

说起不能控制的冲动，这个是导致反社会人格障碍患者产生犯罪行为的主要原因。他们通常缺乏对挫折的承受力，行为冲动，并且不考虑可能带来的后果。他们常常冒险，追求刺激，对生活容易感到厌烦和焦躁，不能忍受日常事务的乏味和婚姻、工作中的日复一日，不甘心平淡。

因为身负以上恶习，反社会人格障碍患者通常会从事地位很低的工作，并且参与犯罪的概率极大，所以这些人的人生常常以进监狱或者被判死刑而告终。但是，与之相反的是，他们中的一些人却成了成功的商人或社会精英。这些人与那些落魄的反社会人格障碍患者的不同之处就在于，他们更善于伪装出一个正常的外部形象，这也许和他们拥有更出色的智慧有关。《沉默的羔羊》中的食人狂魔汉尼拔就是这样一位反社会人格障碍患者。他非常迷人，身上有着一种亦正亦邪的气质，在需要的时候能戴上一副"理性"的面具来表现他的社交魅力，达到自己的目标。

在现实生活中，很多反社会人格障碍患者的表现比起汉尼拔的凶残有过之而无不及，来看下面的案例。

C第一次记录在案的谋杀行为发生于1974年1月。当时，他在女伴睡觉时用一根木棍打碎了她的头骨。在昏迷了一段时间之后，这位女士幸运地活了下来，但是失去了对这件事情所有的记忆。C对这个女人来说几乎是个陌生人，因此他没有为这次攻击做出任何解释。随后的几个月中，有多个年轻女性相继失踪，并且频率惊人。她们多数是在去听音乐会、看电影、离开酒吧的途中或仅仅是在穿过校园时就人间蒸发。

1974年7月，C走近几个年轻的女性，要她们帮助自己搬一些东西到车上，其中一位女性答应了他，从此她便杳无音信。同一天，另一个在同一地区公共洗手间内的年轻女性也失踪了。之后这些女性的遗骸在一个靠

近湖边的树林里被发现。

1974 年 11 月，一位相信 C 是名警察的年轻女性同意坐进他的车。在 C 给她戴上一只手铐的时候，她开始尖叫并死命挣扎跳出了车门。她在半空中挡住了 C 砸向她头骨的铁锹，并且成功跃到一辆路过的车辆前面，让这辆车停了下来，逃出生天。同一天，失手后的 C 诱拐并杀害了另一位受害者。

1975 年 1 月，C 开始潜行到外地进行无休止的杀戮行动。一位年轻女性在床上睡觉的时候被掳走，另一名女性在前往酒吧的途中消失，第三个受害人的尸体被发现时下身赤裸。还有更多的女性失踪——一个是在加油站，另一个是在狭窄的街道……

这种情况直到 1975 年 8 月才终止。一次 C 沿街慢速行驶，引起一位巡警的怀疑，被要求停车时因拒绝而被捕。随后，警察在他的车内发现了一根与受害者之一匹配的头发，并且一位目击证人也证实他在一位受害者失踪的晚上见过 C。就此，C 终于落入了法网。

我们前面提到有一些反社会人格障碍患者本身是有着非常迷人的气质的，他们常会戴着一副优雅的伪装面具。C 就是这个样子，他的魅力、智慧、幽默感和英俊的长相很快就让那些起诉他的人认定他是个特别的人。他极其合作，逮捕他的警察也对他礼遇有加，为他提供健康食品，并且在他出庭的时候没有对他施加任何躯体上的束缚。他还因为坚持自己为自己辩护，被给予了他所要求的法律书籍，甚至被允许随意徜徉在法律图书馆中。这种放任的结果是，C 成功从图书馆跳窗逃走……事后虽然他再次被捕，但已经是在他又成功残杀了几个年轻女性之后的事了。

C 的故事就讲完了，接下来我们来看一个外国"屠夫"D 的故事。

D 有一个不太幸福的童年，他的父亲对他极为严厉，经常将他暴打一顿之后关在阁楼上一整天，既没有食物也没有任何人跟他说话。

D 还经常被同伴欺负。有一次，他们抓住 D，把他拖进了村里医生的办公室，然后强迫他把脸泡进混有福尔马林和尸体的溶液之中。尽管这对 D 来说是一次严重的创伤，但这件事却引发了他对从医和解剖的兴趣，"屠夫"的职业生涯在这里便埋下了种子。

　　D 二十六岁时通过了药剂师资格考试，随后便在一家药厂工作。最终他从老板那里购买了这家药厂，但没有支付任何费用，因为药厂老板年事已高，身体虚弱，所以就"被"驾鹤西去，从此杳无音讯。随后，拥有了财富的 D 开始大展拳脚。他购买了工厂对面的土地来建造他的"城堡"。为此他雇用了超过五百名工人，但是除了他的助手小 Q 之外，没有任何一个工人知道这座城堡的真实用途。这座城堡有许多隐匿的窥视孔，各种不同的隔音室，装有隐匿的喷气孔的客房，可以充当理想的手术室的几个房间，一个最高温度可达三千摄氏度的大熔炉，还有各种各样人身大小的斜道，这些斜道通向有几个盐酸池和一个石灰坑的地下室。大家也看出来了，这座城堡简直就是一个"龙门客栈"。

　　大部分受害者（最常见的是年轻的女性）是通过招聘广告而来的，D 也会杀掉那些访问和观光城堡的游客。谁也不知道他杀了多少人，保守估计有近两百人。一些人是 D 出于骗保的目的而杀的，一些是可以将他们的骨头组装成骷髅卖给医生或医学院，还有的则只是杀害后被肢解，炼成灰后撒入城堡的花园中充当肥料。D 后来承认，他杀这些人仅仅是为了取乐。

　　到最后，D 连身边最亲近的人也没有放过。他取出了小 Q 的保险单，告诉小 Q 自己会帮他伪造死亡证明。然而，他却往小 Q 身上浇汽油，活活将他烧死，随后朝小 Q 脸上泼上了腐蚀性的溶液，又将他的尸体曝于光天化日之下，让这看起来更像是一场事故。接着，他又在一段时间内一个个地杀害了小 Q 的三个孩子，真正做到赶尽杀绝。

　　多行不义必自毙，最后 D 还是难逃法网。警察在搜查他的城堡时，除了建筑里原先那些恐怖的设施外，他们还发现，D 在继续发明并且使用新的工具来折磨人，包括用来将人体拉伸到其原来身高两倍长的"拉伸机"。最后 D 被判处绞刑，他在临刑前还不忘调侃身边的行刑官："这下我也可以变得更长了。"

　　患者 C 与 D 的案例已讲完。当然他们的表现是反社会人格障碍中的极端形式，很多反社会人格障碍患者其实不会这么"凶猛"，他们多数只会对生活严重和长期地不负责，如旷工、旷课、偷盗、经常撒谎欺骗他人等。

来看下 E 的故事。

E 的父母是当地有名的富豪，他们也是儿子攻击行为的主要受害者。E 的攻击行为很早就已萌芽，他最早的"成就"是放火烧掉了家中的柜子。七岁的时候 E 就已经做过很多小偷小摸的事情，如偷父母的钱、珠宝和其他东西。这些东西他有时加以毁坏，有时则拿到珠宝商那里换钱买糖吃。到了该上学的年纪，E 被送到一所私立学校，很快他就因打人和欺负新来的同学而成为"霸王"闻名全校。在学校他惯于残酷地捉弄和取笑那些生理有缺陷的同学，多次被学校开除。

E 很早就有了性行为，经常勾引女孩子并以十分恶劣和轻蔑的方式与她们逢场作戏。他后来被送进一所管制学校，但还是因为触犯校规而被除名，进入第二所管制学校后又因目无师长、反抗父母、拒绝学习而未能毕业。这并非由于任何智力上的缺陷，因为此后对 E 做的智力测验表明他的智商相当高。

后来，凭借他父亲的威望和社会地位，E 获准进入一家银行工作，但后来却因经常酗酒、制造车祸、高速行车、被逮捕拘留、声名狼藉而被解雇。他盗窃亲戚家的珠宝、首饰、现金和酒，并且加入了当地一个黑社会。他开设了一家私人赌场，但损失惨重，以致为了弥补损失而伪造支票，最后被检举，但终因家庭背景未被起诉。

这就是我们反社会的 E。

治疗方面不多说了，我们把更多的精力放在反社会人格成因的探究上好了。在这里，除去遗传和家庭养育方式等常见原因之外，我想另推出两个比较新颖的解释：唤醒水平和睾丸激素。

唤醒水平就是指我们的身体各项机能从平静中苏醒到活跃所需的刺激水平。其中的"各项机能"包括脑活动、体液循环等。当面对同样一件刺激物或者刺激事件时，唤醒水平低的人相比唤醒水平高的人来说会表现得更加无动于衷。

反社会人格障碍患者就是这样，他们的唤醒水平就很低。测量发现，他们在安静状态下的心率较低，皮肤导电率低，脑电图记录的脑波也慢，大脑兴奋水平低；他们在危险情境中的恐惧程度也较低。有时，无畏也可以是件好事，比如拆弹专家、跳伞队员、射击运动员等专业人士的唤醒水平也很低，这样才不至于在紧要关头乱了阵脚。只是这种低唤醒水平出现在反社会人格障碍患者身上却是件危险的事。

来看下面这张图：

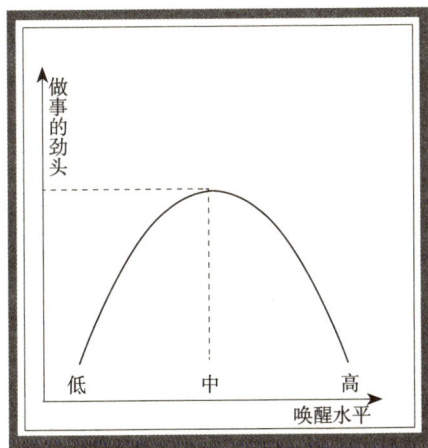

唤醒水平和人做事的劲头呈一个倒 U 字形的关系。从中我们可以看出，在过高和过低的唤醒水平下，人们会体验到更多的负性情绪，说白了就是做事没有劲头，感到无所适从，对自己的状态感觉不满意。具体来说，就是我们通过与朋友通电话或者看电视就能获得的兴奋水平，放到反社会人格障碍患者身上，他们必须通过撒谎、吸毒甚至掘墓奸尸等才能获得。

因此说，低唤醒水平是反社会人格障碍的一个成因。

因为反社会人格障碍的患者中男性的数量是女性的五倍多，所以这里就有一个睾丸激素分泌水平的问题。

众所周知，睾丸激素能激发人的性欲，提高性的兴奋，同时还能够加速机体各种蛋白质的合成，提高人体免疫力。这些以外，睾丸激素还有一个很明显的作用，就是引发雄性的激斗行为。与低攻击性的男性相比，高攻击性的男性身体中睾丸激素含量水平更高；与常人相比，男性反社会人格障碍患者体内睾丸激素的分泌水平也要更高。

No.3　自恋型人格障碍（对应九型人格之享乐主义者）

我们不会表现出焦虑。

我们看上去一点都不害怕。

我们给人的感觉很放松，很阳光，喜欢计划并把计划付诸实施。

我们把自己的思想集中在对未来的规划上，多疑的情况并不会在我们身上出现。

我们极度留恋青春，希望自己是永远长不大的孩子。

我们坚信自己是出类拔萃的，我们只寻找那些支持我们观点的人和事。我们拥有高端的品位，希望享受生活中最美好的一切。我们喜欢保持乐观的情绪，喜欢冒险，并对结果充满期望，似乎有一种化学力量让我们不断挑战极限。

我们相信生命是没有止境的，总是有令我们感兴趣的事情等着我们。如果生命不去冒险，又有什么意义呢？为什么在可以前进的时候要干坐在那里不动呢？

我们几乎拥有了世界上最乐观的世界观，正因如此，我们对未来雄心勃勃，幻想最好的机会和最令人满意的生活。

但是，每件事物都有它的双面性，我们的阴暗面开始在这种乐观与积极的特质被夸大之后显现出来。我们让理想照进现实，但又无法让这种理想的状态在现实中实现。我们的态度极度主观，个人身上的任何特点都被高度强调，最后让自己变得过于自恋。自我欺骗的效应在我们这里变得越来越严重，"哼，我就高兴我是我！"这种内心的毒药取代了改变外在的要求，心理上的自言自语和漂亮的逃避取代了真正的努力和付出。

下面我们进入享乐主义者的极端的病态的领域——自恋型人格障碍。

先来看 F 的故事。

F 成长在一个大城市中舒适的郊区，他是家中三个孩子中的老大，也是唯一的儿子，父亲是一个成功的商人，母亲是个家庭主妇。F 的脾气不是特别好，经常因为任性而惹恼父母或妹妹们。他表示，即使遭到别人的干涉，他也会继续为所欲为。

少年时，F一直宣称自己是名非常优秀的学生，并且有着与生俱来的运动天赋，但是现实中的情况没有一点可以证明他所说的这些。他还回忆说自己对女人非常挑剔，但女人们都对他极具好感，跟他约会时每个女人都像得到宠幸般激动到不行。

进入大学后，F开始幻想在一个高水平的事业上能有所成就。他学的专业是传播学，但他计划进入法学院，最后走上仕途。在大学期间，他结识了自己的第一任妻子，她是那年的大学选美冠军。两个人毕业后不久就结婚了。F选择在法学院继续深造，而他的妻子则开始工作养家。

在法学院期间，F变成了一个工作狂，满脑子都是对自己能得到国际认可的幻想。他和妻子在一起的时间很少，儿子出生后，陪伴他们母子的时间就更少了。

F婚后继续过着不检点的生活，大部分是短暂的一夜情。他总是以蔑视和粗暴的口吻与妻子说话，抱怨她是如何让自己失望。F一直等待着自己的第一份收入，确保能脱离妻子的财政控制。当愿望达成时，他迅速和妻子离了婚。离婚后他除了偶尔去看望儿子外，其他的事情一概不管不顾。

离婚后，F感觉自己彻底自由了，他需要做的就是取悦自己。他喜欢把所有的钱都花在自己身上，奢侈地装修自己的房间，买了一个引人注目的大衣柜。他不停地寻找有吸引力的异性伴侣。通常这种性关系只是他为了取悦自己而玩的性游戏，所以他很少能够和同一个女人约会超过两次。最终F还是跟一位政治家的女儿结婚了，但他们的婚姻并不幸福。在他眼里他的妻子应该为能够嫁给他而感到荣幸，所以她就不应该对他提出其他任何要求，因为他觉得，还有更多更漂亮的女人在热情焦灼地等待着他。在他妻子看来，现实显然不是这样的。

在工作中，F认为其他人没有资格批评自己，因为他认为自己是不同凡响的，其他人都是平庸软弱的。为了使他们的生活具有清晰的方向和更有乐趣，他们应该和他这样厉害的人多多接触和交流。当别人恭维F的时候，他感觉好极了。当一群人在一起的时候，他希望自己成为众人关注的中心，他一直幻想能够获得很高的职位，由于出色的能力受到国家的嘉奖，或者变得富可敌国。

　　通过 F 的故事我们可以看出自恋型人格障碍患者的特点，那就是，他们会过度地觉得自己非常重要，对自己过分关注，缺乏对他人的关注以及同情。当他们没有得到他人赞扬的时候，他们就会感到很不舒服。他们还对自己的重要性有着病态的执着，例如，认为饭店里最好的桌子或停车场里最好的位置都应该为他们而留。正因为他们把几乎全部的爱都投放在了自己身上，所以他们就不再有力量去关爱他人。

　　还记得我们前面提到的合理情绪疗法中的黄金规则吧：像希望别人对你那样对待别人。而自恋型人格障碍患者恰恰就是与之背道而驰的。在人际关系中，他们总是根据自己的意愿，对其他人提出不合理的要求，而忽略掉对方的感受和想法。

　　在其他成功的人面前，自恋型人格障碍患者又会表现出极端的妒忌和自大，如若不能达到自己期待的效果，他们就会因此陷入抑郁之中无法自拔。

　　继续来看 G 的案例。

　　G 是一个三十五岁的银行投资家，大多数人认为他有一定的魅力。他很聪明，口才好，有吸引力，在社交聚会时，他能利用强烈的幽默感吸引他人。他会经常徘徊在屋子的中间，在那里他会成为注意的焦点。谈话的主题不可避免地聚焦在他的"交易"、他曾遇到的"富豪和名人"以及他运用策略击败对手的事，或者他的下一个项目通常比过去的更大、更冒险。G 喜欢有听众，当听众赞扬和羡慕他在商业上的成功时，他就会非常高兴，其实这些赞扬和羡慕不过是场面上的客套话。一旦讨论的焦点转移到其他人时，G 就会失去兴趣，会以要杯饮料或者打电话为借口离开。当他主办派对时，他会强迫客人们留到很晚，如果客人们太早离开，他会觉得受到伤害。他对朋友们的需要不了解，也不在意。G 没有能保持几年以上关系的朋友，朋友对他而言只是用来满足他的某些心理的，要是没有这点利用价值，G 便会对他们冷酷无情。

　　G 也曾经和那些愿意扮演无知仰慕者和愿意为他牺牲的女性有过几段浪漫关系，但是她们最终必定会因厌恶这种单方的付出而伤心离去。G 非常缺乏同情心，他需要的只是从崇拜者那里不断地得到关注和赞美。但非常悲哀的一点是，即使他得到再多的谄媚与关注，也无法填补他那颗空虚的心。

G 的故事就到这里。究其自恋型人格障碍的成因，还要追溯到他们的童年。弗洛伊德本人对此有一个观点，他认为每个孩子都要经历一个阶段。什么阶段呢？就是把爱从自己身上转到他人身上。这个阶段一旦出现两种状况，即孩子认为抚养人不值得信任，并决定只能依靠自己，或者父母娇惯他们，让他们沉溺在夸大自己的能力和价值的感觉中，那么孩子很可能会停留在这个阶段，不再前行，以致这个阶段无法被完成。有时候，自恋型人格障碍患者由于被父母拒绝而遭到自卑、空虚和痛苦的折磨，便会用"自恋"为他们的自我价值感做一种补偿。

最后，再介绍剩下的两种和九型人格没有对应关系的人格障碍。

No.4 表演型人格障碍

终于有一个可以顾名思义的人格障碍了。表演型人格障碍之所以用到了"表演"这两个字，是因为患者的言行倾向于过度表现，经常看上去就像是在进行演出。

来看 H 的故事。

H 是一个富有吸引力的三十六岁的女人，她穿着紧身裤和高跟鞋，发型是鸟巢体育馆式的，全身过度化妆。她的社会关系总是游离不定。H 此次来寻求心理治疗，是因为她十七岁的女儿因割腕而住院。她和女儿以及女儿的现任男友住在一起，三个人常常吵作一团。

H 非常戏剧化地描述他们吵架时的情景，她不停挥动着双手，使手镯叮当作响，然后抓住自己的胸口。她说她很难让自己待在家里，因为她需要有被人注视的感觉，甚至有时她会通过和女儿的男友调情来炫耀自己的青春。H 认为自己是一位不尽责的母亲，但是她否认有和女儿抢同一个男人的可能性。

再来看 I 的故事。

二十六岁的年轻女性 I 是一家时装店的售货员。她穿着非常华丽，发型精巧而引人注目。她的外表极富冲击力，因为她的身高不高（不到一米五），但体重却至少一百斤。在整个聊天的过程中，她都在室内戴着太阳镜，并一直无意识地拨弄着它，神经质地摘下又戴上，在讲话时挥动它以强调自己的观点。此外她不时发出戏剧性的大叫，以及不停地要求得到安慰："我会没事吧？""我会好起来的，是吧？"在整个谈话过程中，她不停地说笑。当有人打断她时，她会突然板着脸严肃地说："你知道得太多了！"然后又立刻恢复到平常的样子继续说笑。

自恋型人格障碍患者依赖于自我评价，认为依赖其他人是软弱的、危险的；而表演型人格障碍患者则寻求其他人的认同。弗洛伊德认为，这一障碍的发生是因为没有顺利度过口唇期和前生殖器期，导致当时本应得到发泄和满足的情感没有得到很好的发泄和满足。患者过度寻求他人注意的行为就是在满足当时未被满足的情愫。

No.5 边缘型人格障碍

来看 J 一位朋友口中关于她的故事。

我认识 J 已经超过二十五年了，可以说是她作为一个边缘型人格障碍患者不稳定的时好时坏的生活的见证者。J 和我在初中就是同学了，高中毕业后我们仍然定期联系。我对她最初的印象是，她的头发剪得很短，而且很不规则。为什么是这样子呢？她告诉我每当事情进行得不顺利，她就剪短自己的头发，这样有助于"填补心灵空虚"。后来我发现她经常穿长袖衣服，以掩饰身上那些被自己弄出来的伤痕。

J 是我们这些朋友中第一个学会吸烟的，但是和很多同龄人过早吸烟或者吸毒不一样的是，她并不是想通过这个来吸引别人的注意，她是真的需要尼古丁在心理上的安慰。J 也是我们中间第一个遇到父母离婚的，父母似乎都在感情上抛弃了她。她后来告诉我，她的父亲酗酒，经常殴打她以及她的母亲。她在学校中表现很差，也非常自卑，她常说自己又笨又丑。

在我们还是同窗的时候，J 每隔一段时间就会离开镇子一次，没有任何解释。许多年后，我才知道当时她是因为有抑郁和自杀倾向去寻求心理医生的帮助。她也经常威胁说要杀死自己，尽管周围人并不把她的话当回事。后来，我们都逐渐与 J 疏远了。她变得越来越不可理喻，有时为一些小事指责我们，比如说："你走得太快了，你一定是不愿被看见与我在一起！"

其他时候，我们也时常会被她捉摸不定的情绪爆发所震撼到。J 在我眼中渐渐判若两人。当我们长大后，她变得越来越"空虚"，最后完全与我们脱离接触了。

J后来结过两次婚，每次都是狂风暴雨式的关系。在一次暴怒之下，她试图刺死她的第二任丈夫，随后她被送入医院治疗。她试过许多种药物，但是出院后还是只能用酒精来缓解内心的痛苦。

说实话，先前作者我也搞不懂边缘型人格障碍中的"边缘"二字是什么意思，后来我明白了，这里的"边缘"就意味着是一种"濒危"。这点从K的案例能得到更好的印证。

K是一位三十岁的已婚妇女，她没有孩子，和丈夫居住在一个中产阶级街区，拥有大学学历。K接受了精神病医生将近一年半时间的治疗，在整个治疗期间她因为企图自杀而至少入院十次，其中有一次治疗时间达到六个月之久。但最近她因一次几乎致命的自杀而住院后，医生再也不愿提供给她药物治疗以外的任何东西。K使用了各种各样的自杀方式，至少十次吞服次氯酸漂白剂，多处深度割伤和烧伤，至少三次严重或几乎致命的自杀，包括一次割伤颈动脉。

回首往昔，在二十七岁之前，K在学业和工作中都表现得非常好，婚姻美满，尽管丈夫有时会抱怨她总是爱发脾气。在大二的时候，她并不十分熟悉的一个同学自杀了。K说当她听到这个消息时，心里也立即产生了自杀的念头，但是不清楚究竟为什么会这样。以后的日子里，她变得越来越抑郁，自杀和自残的念头更加强烈，并且付诸行动。而这些行动的导火索仅仅是人际关系的小冲突，比如跟丈夫吵架、被领导批评等等。她自杀和自残的程度也主要取决于她绝望、愤怒和悲伤的程度。常有一个念头不住地回荡在K的脑海里，那就是："我要死给你们看！"有些时候，绝望感以及永远结束痛苦的愿望会使她丧失理智。当自杀和自残的想法进入意识后，K就会处于分离状态，然后开始割伤或烧伤自己，这时她通常处于一种身不由己的"自动化"状态。有一次，她把自己的腿烧得非常严重，为了吸引医生的注意力，还把灰尘弄到伤口里而不得不做修复手术，但是事后她却很难记起自己的行为细节。

前面说到了"濒危"，那么边缘型人格障碍患者身上究竟有哪些问题才让他们处于如此危险的境地呢？在这里我还是总结了两点：不稳定性和自我伤害的冲动。

何为不稳定性？这就体现在，边缘型人格障碍患者的心境不稳定，会频繁且无原因地严重抑郁、焦虑或者发怒；他们的自我概念也不稳定，有时极度自我怀疑，有时又极度自负；患者的人际关系也极其不稳定，常常无原因地对一些人从崇拜到鄙视。

除此之外，边缘型人格障碍患者常常描述有一种绝望的空虚，这就导致他们依赖新认识的人或者治疗师，希望能通过他们来填补自己内心巨大的空虚。他们对正常合理的拒绝和否定也持有偏执的想法。例如，如果治疗师因为生病不得不取消与一位边缘型人格障碍患者会面，这位患者很可能会认为治疗师是在有意地拒绝他，会变得非常抑郁、愤怒，心想着："我要杀了你！"

提到"自我伤害的冲动"，这可能是导致边缘型人格障碍患者陷入"濒危"地步的最直接元凶。像 K 割伤或烧伤自己一样，很多边缘型人格障碍患者会做出类似的自杀自残行为。

最后，一些边缘型人格障碍患者容易出现短暂的失忆，在这种状态下，患者感受不到真实，失去对时间的感觉，甚至忘记自己是谁。在电影《致命诱惑》中格伦·克洛斯扮演的一位女边缘型人格障碍患者就是这种情况。

和反社会人格障碍正好相反的是，患上边缘型人格障碍的多数为女性。并且因为边缘型人格障碍的表现与创伤后应激障碍在某些方面非常相像（情绪、冲动的难以控制以及人际关系方面的困难），因此，边缘型人格障碍的起因很大一部分是患者在早年曾遭受过创伤或者虐待。

好了，人格障碍部分就全部讲完了。

重口味心理室诊疗记录

我怀疑我老公有双重性格。

平时人很温和很有耐心，但一遇到不顺心的事情就变得很暴躁，口出狂言，情绪激动。前一秒可以说要雇凶杀人，后一秒又自己哭得伤心。看到值得同情的人会去帮助，可是有时候讲话又刻薄得很。

我去咨询过心理医生，他跟我说，会出现这种情况很可能是他觉得受到了伤害，而他内心又很脆弱，需要一些看起来强悍的东西保护自己，其实内心非常害怕和不安。

我想问的是，这种情况下，他的两种个性哪个是主导的？他会不会发展成一个偏激的人？会不会在遇到什么重大事情的时候因为内心的恐惧而先发制人，做出一些伤害自己伤害别人的事情？

作者解答

仅从你的描述无法判断他是不是多重人格，但貌似是的可能性很小。人，以及动物，产生攻击行为的根源在于自己内心的恐惧。这就不难理解你丈夫的这种自相矛盾的表现。

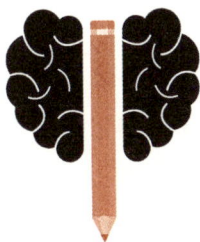

第十五篇

物质成瘾：

梦之安魂曲

很多酒精成瘾者解释说，自己酗酒的原因来自生活中的烦恼和种种困难，然而这只不过是一种托词。实际上，酒精成瘾者自己也不清楚酗酒的原因。他们能做的只有盲目和无助地被一种可怕的力量所驱使，用酒精来进行自我毁灭。用酗酒的痛苦掩盖另一种痛苦，就像自然界中，有些倒霉的野兽误食了毒药或被火烧伤，因而不顾一切地冲入海中淹死，为逃避一种死亡却招致了另一种死亡一样。

说到物质成瘾，我不禁想到一只眼睛，一只幽蓝的眼睛，它来自一部电影的海报——《梦之安魂曲》。

人之所以痛苦，是因为追求了错误的东西。我们在追寻欢乐的过程中往往不是忘了精神的存在，去追求肉体的满足，就是忽略了肉体的存在，而追求精神的满足。人的不安定和痛苦往往来自这种精神与肉体的冲突。《梦之安魂曲》为我们展现的就是人们在一味追求精神欢娱的过程中不顾肉体安危而酿成的苦果——成瘾。

电影中年轻的男女主角是一对恋人，他们有一个共同的梦想就是在小镇经营一个小本生意，相亲相爱相守一生。然而眼前的实际情况是，他们两人都是瘾君子，无法抑制的毒瘾使他们生活在贫穷与黑暗之中。男主角甚至不得不一次次地将母亲的电视机偷出来卖掉以换取毒品。而恰巧他的母亲又是个电视迷，所以她会一次次地把被儿子卖掉的电视机重新买回来。一天，这位母亲幸运地接到了一个她钟爱的电视节目组打来的电话，她被通知选中参加现场演播，这令她兴奋不已。但是当她发现自己臃肿的身躯再也穿不进当年那条迷倒众生的红裙子时，用药物减肥的念头就不可抑制地出现了，她就此走上了一条不归路。

提到减肥药，我们"成瘾"这一部分的大幕算是正式拉开了。下面就开始给大家介绍第一个成瘾物质——安非他明。

安非他明最早是被用作治疗哮喘和鼻腔阻塞的，但是超量服用后，服用者会感到非常亢奋和精力充沛，可以持续很多个小时不睡觉，同时还伴随着明显的食欲减退。很多人发现这一点，于是便把它当作减肥药使用。

　　在所有的使用方式中，液态的安非他明是药效最强的，直接静脉注射便可以立刻产生强烈的快感与冲动。一些使用者甚至会连续多天注射安非他明，以维持一个持久的高潮状态，但是最终所有这些愉悦感都会消失无踪。而高潮过后的沉寂是落寞无比的，有些人在快感丧失后会崩溃地跌入嗜睡和抑郁的谷底，有的人甚至会自杀。

　　如今，许多人都使用这类药物来对抗抑郁或过量工作造成的慢性疲劳，或者仅仅是为了提升信心和精力。但是过度地摄入安非他明会引起中毒，其症状有警觉、激动、妄想和幻觉。其中最可怕的就是幻觉，因为这时其他人和物体的移动在使用者看来都是扭曲和夸张的。使用者可能会幻听到可怕的声音或者别人中伤他们的话，看到全身的伤口，感觉蛇在胳膊上蠕动。其中一些人能意识到这些体验不是真实的，而另一些人则严重到丧失了对现实的判断能力，对他人做出攻击反应，更有甚者最后发展为精神分裂症。

　　来看 A 的案例。

　　在经历了两个半月对其他人和商业合作伙伴的怀疑之后，四十二岁的心神不安的 A 接受了精神病治疗。他总是断章取义，扭曲别人的话，并且说话时满是敌意和指责，他因此失去了多笔十拿九稳的生意。最后，有一天夜里他拿着菜刀对着大门猛砍，因为他听到一些声音，坚称有歹徒要破门而入杀死他。

　　原来，在一年半以前，A 因为在白天突然陷入睡眠以及肌肉张力丧失而被诊断为发作性嗜睡，他开始服用一种安非他明兴奋剂。药物很有效，他的嗜睡发作减少了。作为一家小型办公设备公司的经理，他又能够有效率地工作了。但是好景不长，一段时间后，A 由于自感无法完成白天日渐增加的工作，便开始自行加大药物的服用量，使自己能随时保持足够的兴奋和清醒状态。但没能预见的是，当过度地依靠安非他明达到亢奋状态时，他也离疯狂不远了……

　　说完第一种成瘾物质后，我们该说说第一种物质障碍了——中毒。

　　几乎所有的成瘾物质被过量摄入后都能导致人体中毒，例如可卡因、

海洛因、尼古丁、酒精、咖啡因等等。物质中毒时，人明显的症状是知觉
会发生变化，会看到或听到奇怪的东西；注意力下降，容易分神；丧失判
断能力，不能清醒地思考；不能像平日那样控制自己的身体，行动迟缓，
笨拙，反应不灵活；嗜睡，或者毫无睡意；人际交往模式也会发生变化，
比如比往常更加合群，或更加消极，更加好斗或冲动。

人在过量摄入成瘾物质后很快就会发生中毒，并且摄入得越多，中毒
就越深。当成瘾物质在人体血液或者组织中的含量下降之后，中毒症状也
会开始减轻，但是当已经在体内探察不到成瘾物质后，中毒的症状还可能
持续几个小时或者几天。

中毒的症状依使用物质的类别、剂量、摄入时间以及使用者的耐受性
的不同而不同。说到耐受性可以这样解释：老烟民们一天往往要吸二十多
根烟，但在他们一开始抽烟的时候，这个数量会让他们生病；失眠症患者
初次服一至两粒安定片便可以入眠，但是一段时期后，他们有可能再服下
几倍于先前的药量也无法成眠。这些都说明了一点，他们对物质的耐受性
提高了。当一个人对某种物质具有很高的耐受性时，他血液中这种物质的
含量可能会非常高，却不会再感觉到这种物质的任何作用。例如，酒精耐
受性高的人，其血液中的酒精含量可能超过了酒精中毒的法定标准，但却
没有什么中毒的迹象。

急性中毒的症状与慢性中毒的症状是不一样的。例如，当人们短期可
卡因中毒时，他们也许会表现得外向，友善，乐观。而服用几天或者几个
星期，渐渐发展成慢性中毒后，他们或许会变得社交冷淡，不那么合群了。

还有一点比较奇特的是，人们对成瘾物质的预期也会影响症状的表现。
预期大麻会使他们放松的人们便能体验到放松，而害怕大麻引起焦虑的人
们则可能在吸食过后真的变得很焦虑。

来看一下 B 的案例好了。

在 10 月一个下着雨的午夜，一位芝加哥郊区的家庭医生被一位老
朋友叫醒了，他请求医生起床赶到他家，他在急切地等候着，因为他
的妻子 B 刚吸了一些大麻，行为变得非常怪诞。

　　这位医生赶到他家时，发现 B 躺在沙发上，看上去十分狂躁，不能起来。她说自己太虚弱了无法站起来，她头晕，心悸，并且可以感觉到血液在血管里急速流动。她一直要水喝，因为她的嘴太干了，无法吞咽。她一口咬定大麻里有毒。

　　B 今年四十二岁，是三个孩子的妈妈，在一所大学里任图书管理员。她自感是一位非常有控制力和条理的人，并且为自己的理性而自豪。B 的邻居在自己家里种了一些高品质的大麻，她让邻居分给自己一些，因为在学校里学生都热衷于这个，B 想看看究竟这是个什么玩意，让大家这么痴迷。

　　她的丈夫说，她一口气吸了四五口，然后就号啕大哭起来："我感到不舒服，我站不起来了。"丈夫和家人试图让她平静下来，告诉她只要躺下来，一会儿就会好了。但是他们越是安慰她，她就越觉得自己有问题。

　　医生为她做了检查，仅有的不正常反应就是心跳加快和瞳孔放大。医生告诉 B："亲爱的，你没事，你就是有些抽醉了，回去睡觉吧。"B 确实回去睡觉了，她在床上待了两天，感觉自己有些昏沉和虚弱，但不那么焦虑了。完全康复后，她发誓以后再也不吸大麻了。

　　除了对药物的预期外，使用环境也会影响症状的表现。例如，人们在聚会上喝下一定量的酒精饮料，可能会变得放荡不羁和大声喧哗，但在自己家中喝下同样多的酒时，则可能会感到疲倦和沮丧。大多数人在一生中的某个时期都会因为饮酒或者摄入其他物质中毒，但是只有当个体的行为和生理变化严重地影响了他们的生活，例如，损害家庭关系，引起职业或者财政问题，处于高度风险中（如引起交通事故、严重的并发症或法律问题）时，才会被诊断为物质中毒。

　　前面说过《梦之安魂曲》中的男主角既无法摆脱缠身的毒瘾，又向往着自由美好的生活，于是决定铤而走险，和好友一起贩卖海洛因赚大钱，但这个梦想最终还是毫无悬念地落空了。男主角不仅没有挣到钱，还因被逮捕来不及治疗因注射毒品感染的伤口，丢掉了一只胳膊；女主角则因长时间等不到男友的音信与援助，不得不委屈自己向一群黑人出卖肉体，以换得金钱继续吸食毒品……

说到这儿，就该请出今天要讲的第二种成瘾物质——可卡因。

可卡因是一种白色粉状物，从古柯中提炼出来，是我们所知道的最容易上瘾的一种物质。它可以通过鼻吸（可以快速作用于大脑）或者溶解在水中通过静脉注射的方式进入人体。

吸食可卡因后，最初会产生强烈的欢快感，随后会感受到前所未有的成就感，那些过往没有被满足的自尊统统得以满足，整个人变得比平时更精力充沛，充满竞争力、创造性，自感被社会高度认可。使用者这时不会意识到自己在吸毒，他们只是觉得自己成了一直想要成为的人。

吸食过量可卡因会导致使用者冲动，性欲过度，强迫行为，心神不安，焦虑，进而达到恐慌和妄想的程度。在停止使用后，使用者会感到精疲力竭，抑郁，需要长时间睡眠。

除此之外，可卡因成瘾者还经常会出现一种叫"蚁走感"的症状，即会感觉到皮肤表面有许多昆虫在上下爬行。这时，作为"蚁走感"的受害者，他们通常会用刀子割开自己的皮肤，使血液流出来，以释放那些"被困的昆虫"。

可卡因之所以比其他成瘾物质更容易形成滥用和依赖，是因为它对大脑中枢有极其迅速和强烈的激励作用。

来看下 C 的故事。

C 是一个三十一岁的牙医，结婚十年，有两个孩子。他现在非常神经质和易怒，妻子坚持让他去看精神医生，因为他生活中的很多行为已经失控了。在过去很长一段时间里，C 几乎不能胜任牙医的工作，除了偶尔有一到两个星期的间断期外，实际上他每天都在使用可卡因。虽然他一直想要戒掉这个毛病，但是他对毒品的渴求已压倒了戒除的愿望。粗略算下来，他去年花在可卡因上的钱在八万至十万元人民币之间。C 的妻子抱怨说："他不工作了，他对我和孩子没有一点兴趣，甚至连他喜欢的音乐也是如此，他把所有时间都花在吸毒上了。"

其实刚开始的时候，C 并没有接触毒品，但工作了一段时间后，他变得收入丰厚，搬到了郊区一栋昂贵的带游泳池的房子里，有两部车，以及他父母想让他拥有的一切。C 那时二十七岁，觉得没有什么值得自己期待的了，因此感到孤独痛苦。但偶然一个机会尝试了可卡因后，感觉就立刻变好了。"我不再抑郁了。我尽可能经常使用可卡因，这样一来我的问题就烟消云散了，但是我必须一直这么做才行。效果是短暂的，而且价格不菲，但我不在乎。当短暂的作用消失后，我就会感到更加痛苦和沮丧，所以我就会尽可能多地使用可卡因。"

因为可卡因的半衰期很短，即它在人体内消除（排泄、转化）的速度很快，所以它的作用很快就消失了。这就意味着可卡因成瘾者为了维持兴奋状态，必须频繁地使用这种物质。另外人们也会对可卡因产生耐受性，使用者必须不断增大剂量才能体验到兴奋状态。这样就导致了使用者铤而走险，去偷窃、卖淫或者从事毒品交易以获得足够的金钱去购买它。

下面来看第二种物质障碍——戒断。

有时候，我常把自己在调整生物钟过程中的不适感比喻成一种戒断反应，每个倒过时差的人都知道，那是一种挠心抓肝的感觉。那么物质戒断究竟是怎样的呢？就拿大家都熟悉的戒烟来说，吸烟者在停止尼古丁的摄入后，会产生焦躁不安、失眠、食欲增强、吐黑灰色痰、血压升高以及心律不齐等现象，这些都会给戒烟者造成极大的痛苦。

但并不是每一种戒断都会被当成一种障碍，只有当戒断症状导致了显著的精神痛苦或者日常生活机能的损害，才能被诊断为物质障碍。例如，尽管咖啡因的戒断症状会导致紧张、头疼，让许多人觉得烦恼，但是它一般不会造成显著的机能损害或心理痛苦，所以它就不能算是一种物质障碍。

第三种成瘾物质——LSD。

"就我所能记起来的，下面这些症状是最显著的：眩晕，视觉紊乱；周围人的面容像是怪诞的彩色面具；运动神经无法平静，并不时产生局部麻痹；头部、四肢和整个身体持续感到沉重，好像都填满了金属；腿抽筋，寒冷，手失去知觉；舌头有金属感；喉咙感到干燥和

收缩；感到窒息；对自身情况的认知时而混乱时而清晰，有时自己像
是个旁观者，看着自己半疯似的大喊或者语无伦次地喋喋不休。我感
到自己如同灵魂出窍。

　　"医生发现我的脉搏相当微弱，但频率正常。

　　"以上就是我服用LSD六个小时内的真实感受，其中以视觉紊乱最
明显。所有东西好像都在摇晃，就像从流动的水面上反射出来的图像
一样扭曲。不仅如此，所有物体都显现出不停变化、令人不快的颜色，
都是病态的绿色和蓝色。当我闭上眼睛的时候，多彩、逼真、奇异的
图像无休止地涌现出来。一个明显的特征就是，所有的听觉（例如汽
车开过的声音）转变成了视觉的方式，每个声音都会引起相应的彩色
幻象，其形状和颜色总是不停地变化着，就像万花筒。"

　　上面案例中提到的LSD是一种致幻剂，同样属于致幻剂的还有我们比
较熟悉的摇头丸。服用LSD的心理反应主要是感觉能力大大增强，伴随着
鲜活的视觉效果和对空间知觉的极端扭曲。当服用者闭上眼睛时，视野里
会出现非常明亮鲜艳的色彩，同时伴随有令人眩晕的几何图形和千变万化
的图案。使用者对音乐的体验也会呈现出一种视觉形式，他们听到的每个
音符、每种旋律都会化成图形出现在自己的脑海中。这就是种"联觉"。

　　何为联觉？就是一种感觉形式引起了另一种感觉形式的发生。就像案
例中说到的"所有的听觉（例如汽车开过的声音）转变成了视觉的方式，
每个声音都会引起相应的彩色幻象，其形状和颜色总是不停地变化着，就
像万花筒……"这是种"听—视"的联觉形式。还比如，色觉又兼有温度
感觉，例如暖色（红、橙、黄色等）会使人感到温暖，冷色（蓝、青、绿
色等）会使人感到寒冷。这是种"视—温"的联觉形式。

　　服用过量LSD也会产生严重的负面心理反应，包括偏执、极端的恐惧
感、暴力和自杀性行为。有些人甚至会从屋顶上走下去或者从窗户跳出去，
相信自己能够飞翔，或者走进海里，相信他们"和宇宙同在"。对有些人来
说，致幻剂引发的焦虑和幻觉会非常严重，以致他们变得精神错乱，需要
住院和长期治疗。有些人会在药效消失后出现闪回，闪回的内容就是服药
时的美好感受，并且这种闪回会反反复复出现长达一年之久。正是因为它

的存在，那些戒药后的人们变得更加痛苦。

第三种成瘾物质讲完了，接着就该是第三种物质障碍。

这种物质障碍让我脑海中浮现出了《梦之安魂曲》中的那位母亲超量服用减肥药后精神错乱、形容枯槁、面黄肌瘦、如丧考妣的模样，它就是：滥用。

怎样才算是物质滥用呢？在一个小时内喝两杯啤酒算不算物质滥用？三杯呢？六杯呢？静脉注射一次海洛因算不算物质滥用？对某些人是，对某些人却不是。因此用摄入物质的量来衡量是否属于物质滥用是不合适的。那么就需要换一种方式，即用对患者生活的影响程度来定义物质滥用。如果对物质的使用，使你的学习、工作或人际关系都受到了破坏，而且时常置你于危险的境地（如酒后驾车），或者使你做出一些违法犯罪的事情，这时它便可定义为一种物质滥用了。

来看一下 D 的案例。

　　D 在十五岁时就开始喝酒，十六岁的时候开始大量饮酒。到二十一岁的时候，她每天都需要喝酒，养成了严重酗酒的习惯。她在怀孕的时候也没有终止这个恶习，酒精的摄入量反而增加了，那时她每天都要喝两箱啤酒。D 解释说那是因为怀孕期间她觉得恶心，什么都吃不下，于是整天只能靠喝酒来减轻痛苦。医生建议她减少饮酒，她在怀孕七个月的时候每天喝一打或一打半的啤酒。在那之后不久，超声波图像显示她的双胞胎女儿已经停止生长，医生不得不采取剖宫产来进行接生。这对双胞胎生下来时的体重分别是 1.2 千克和 1.3 千克，而且都被诊断为胎儿酒精综合征。其中一个女婴还因这种综合征导致的心脏问题而存在着严重的生命危险。这就是 D 酒精滥用给孩子造成的悲剧。

第三种物质障碍就说完了。

有个故事，说的是三个男人半夜到了一个紧闭的城门下。这三个人分别中了酒精、可卡因和大麻的毒。

中了酒精毒的人说："让我们把城门拆下来吧。"

中了可卡因毒的人打着哈欠说："还是我们休息到明早，等城门开了再进去吧。"

中了大麻毒的人高声宣布："随便你们，反正我要从钥匙孔里钻进去！"

接下来我们就要说说第四种成瘾物质——大麻。就像故事描写的那样，吸食大麻会改变人们对世界的感知。当有别的中毒症状的人还能保持正常的认知时，大麻中毒者已经"飞升"到了另一个世界中。

这时，患者对正常的感知往往会感到非常可笑；他们有时会进入似梦似醒的状态，并感到时间似乎停止了；他们经常会描述一些夸张的感觉体验，看到一些鲜明的色彩，或者欣赏某种音乐的微妙之处。但是，和其他任何药物都不同的是，不同的患者对大麻的反应可以大不相同。一些人会报告说首次使用大麻后没有任何反应，而有些则表示他们情绪"高涨"。小剂量的大麻摄入会让人产生良好的感觉，但是如果超过剂量就有可能引起妄想、幻觉和眩晕。对长期使用大麻的人来说，可能导致记忆力、注意力、上进心、自尊心、人际关系和职业功能受损。其中上进心受损是指患者对生活目标表现得非常淡漠或者没有长远的计划，得过且过。除此之外，经常服用大剂量的大麻，会降低男性的睾丸激素水平，从而也相应地降低精子数量。同样，持续使用大麻也会扰乱女性的月经周期。

最后一种成瘾物质介绍完，我们该介绍最后一种物质障碍——依赖。

物质滥用的下场就是形成物质依赖。物质依赖一旦形成，便会使人无休止地臣服于它。俗话说，无欲则刚，越是极度渴望和离不开的东西越有可能成为你最大的软肋。

来看 E 的故事。

E 十八岁的时候已经有严重的海洛因成瘾，她的母亲把她送进了戒毒所。在二十一天的治疗生效后，E 被释放了。她很快再次吸上了海洛因。二十四岁的时候，E 开始通过静脉注射海洛因，并经常行骗以供自己和男朋友吸毒。后来，E 和男友参加了一个戒毒恢复计划。当完成治疗之后，两个人都停止了使用海洛因，但不久他们又开始吸食上可卡因。又过了不久，E 离开了她的男友，开始在一家按摩院工作，那里的女人们给她介绍了快克（一种毒品）。2004 年，E 已经三十岁了，成为一个长期吸毒者和妓女。

再后来 E 离开了按摩院，开始做站街妓女。因为她的快克使用量逐渐增加，已无法戒掉，只能选择这条来钱更快的门路以维持毒品的供应。

也正因为使用快克，E 开始做一些她以前连想都没想过的事情。她甚至直接用身体来交换毒品而不是用钱。E 也经常去快克屋里工作，尽管她认为那里是那么肮脏和混乱不堪。人们在同一个房间里当着别人的面吸毒和做爱。E 拒绝在别人面前做那种事，所以她坚决要求快克屋的嫖客出去租房间。E 有时一晚上会有五至七个顾客，剩下的时间，E 都在四处闲逛，寻找和吸食毒品。

至此，四种成瘾物质（安非他明、可卡因、LSD、大麻）和四种物质障碍（中毒、戒断、滥用、依赖）就全部介绍完了。到这里，本部分的高潮也即将到来，就是我想好好地分析一下成瘾的原因。但由于篇幅限制，暂且只能以一种生活中比较常见的形式——酗酒为例，借此让大家对成瘾的真相一探究竟。

可以说酒精是把双刃剑。一方面，在我们的文明中，酒精一直发挥着非常积极的作用，是种可以增加快乐减少敌意的武器；但是另一面，这种千百年来一直给人以快乐、轻松和刺激的东西又有可能成为一种自我毁灭的武器。

酗酒者们会全然不顾亲人的感受，由此带来终生悔恨以及灾难般的生活，以自我毒害的方式毁灭着自己。所以在这里，又可以把酗酒定义为一种自杀，一种慢性自杀，一种自我毁灭。

读过自杀那一篇的人不会对此感到不解，但很多人会认为：没错，就算是自我毁灭，但它至少也会是一种愉快的自我毁灭。对这种说法，恐怕任何一个了解酒精成瘾患者及其家庭不幸的人都不会同意。对旁观者来说，这也许不是件多么严重的事，但对酒鬼的家庭以及酒鬼本人，却是一场十足的悲剧。

很多酒精成瘾者解释说，自己酗酒的原因来自生活中的烦恼和种种困难，然而这只不过是一种托词。实际上，酒精成瘾者自己也不清楚酗酒的原因。他们能做的只有盲目和无助地被一种可怕的力量驱使，用酒精来进行自我毁灭。用酗酒的痛苦掩盖另一种痛苦，就像自然界中，有些倒霉的野兽误食了毒药或被火烧伤，因而不顾一切地冲入海中淹死，为逃避一种死亡却招致了另一种死亡一样。

那么人们酗酒的真正原因是什么呢？

在解释这个问题的一开始，我想先给大家介绍一个名词——"口腔性格"。前面我们提到了弗洛伊德的"口唇期"，在这里，"口腔性格"就可理解为"口唇期"的性格。拥有这种性格的人，所有快乐满足的方式都是依靠口腔来进行的（比如吮吸手指及母亲的乳房），同时，他们所有发泄也是通过口腔来进行的（除此之外，好像也别无他法）。拥有口腔性格的成人多数会贪吃、酗酒、酗烟等等。

王菲唱的《人间》里有一句歌词："可生命，总免不了最初的一阵痛……"我们每个人都会遭遇生命中最初的失望和挫折，这在现实生活中是不可避免的。我们降生到这个世上，不得不经历生命中种种的第一次痛：不得不断奶，不得不放弃对父母的依赖，不得不独自面对残酷社会中的一切，不得不从理想的生活中进入现实的生活中。

在这方面，酗酒者童年最初经历的痛苦在质上与其他人并无区别，但在量上却大相径庭。可以说，酗酒者身上的痛苦已经大到无法忍受的地步，以致确实影响了他们的人格发展，在某些方面使他们整个生命始终停留于我们上面提到的"口腔性格"阶段——用嘴来获得一切，用嘴来毁灭一切。

这样来看，就不难理解饮酒事实上是种典型的幼儿报复行为。为什么这么说呢？首先，它是用嘴来进行的！其次，它被赋予了如同吸食母亲乳汁一般的意义，然而这种意义是虚幻的，是过高的。最后，它实际的攻击性是间接的，而成人的报复行为则更具有直接性。举个例子，一个成熟的人因为某些正当的理由而生父亲的气，就会把问题摆在桌面上，设法解决这个问题，而不是以酗酒的方式去使他的父亲痛苦伤心。

再回到上面，酗酒者身上让他们无法忍受的究竟是怎样的一种痛苦呢？在这里可以用两个字简单概括：矛盾！就比如，对酗酒者而言，不管他们有多么气愤和憎恨，都绝不敢冒险放弃他们紧紧依赖和所爱的对象（如父母）；他们既希望毁灭其所爱的对象，又害怕失去这些对象；他们一边渴望得到爱，一边又害怕得到爱。

我们再进一步探究酗酒者这种矛盾情感的来源，便会发现，在他们这种爱与恨相互冲突相互混淆的态度中，真正的始作俑者是他们一度经历的巨大的失望。而造成这种巨大的失望情感出现的罪魁祸首，正是酗酒者们的父母畸形的养育方式：酗酒者的父母往往以有意或者无意的方式，极大地增加了孩子不可避免的失望。他们往往许诺或者在孩子心中勾勒出很多美好的期待与未来，但实际上他们并没有准备这么多来给予，或者现实不可能有这么多来给予。

举几个例子便可以说明这一点了。

一个酗酒者的母亲给孩子喂奶一直喂到三岁，因为母亲本人一直很享受这种喂奶的体验。但是后来在断奶时遇到种种困难，她不得不用墨汁将自己的乳房涂黑以便吓退孩子。这一招在孩子的内心造成了巨大的疑惑和失落感。

另一个酗酒者的母亲十分宠爱她的这个孩子，这种宠爱的程度远胜于其他孩子。但当这个孩子稍微长大以后，母亲自然而然地就放弃了原来的那种宠爱方式。而对这个孩子而言，由当时的备受宠爱变为现在的一般宠爱，使他内心产生了巨大的落差。

还有一个酗酒者的父亲经常派他的儿子去街角的杂货店为他买香烟，并告诉他儿子只需对老板说一句神奇的话就不用付钱——"记账"。有一天儿子用这种方式得到了一盒糖果，可父亲知道此事后却把他痛打了一顿，这种情况令孩子既困惑又惊讶又憎恨。

还有一个父亲先是鼓励他儿子工作和储蓄，后来却把这笔钱据为己有。

以上父母对待孩子的种种前后矛盾的态度，就是造成孩子失望来源的错误的养育方式。

这就引出了一种社会现象：在朋友、邻居和亲戚眼里，这些酗酒者往往被称为"被惯坏了的孩子""永远长不大的孩子"。这些说法有正确的地方，但更多的却是错误的，错就错在它假定这些孩子之所以被"惯坏"是因为被给予了太多的爱。说孩子是被太多的爱惯坏的，很多社会学者对此表示怀疑。单从父母方面来说，他们过度的"爱"往往不过是恨或者内疚的极其单薄的伪装。

为什么这么说？因为有一类过分关心、过分保护孩子的父母，往往给孩子大量礼物以避免在孩子身上花费时间和精力；另一些父母则以自己的人格去影响、鼓励、利用自己的孩子以满足自己的自恋倾向（用孩子的命运来弥补自己命运中的遗憾，就像曾经出错的牌，有机会再出一遍）。这些人，不管他们自己怎么想，是说不上爱孩子的。这一点邻居或者他人觉察不到，但孩子自己是能够觉察到的。而对所有这些"爱"，孩子总有一天会进行全面的报复。

至此，可以对酗酒成因的第一个线索由下至上做一个总结：父母错误的养育方式→失望→矛盾→"口腔性格"→以酗酒的方式毁灭或者发泄。

在下面这个特殊的病例中，所有这些都会变得十分明白易懂。

我们先来走进 xuxu 的世界，这年他三十五岁。

在此之前的十五年中，他遭到了一连串悲惨的失败，丧失了只有少数人才能获得的事业上的机会。而他失败的原因，表面上看是酗酒。

一开始的时候，xuxu 是同龄人中的佼佼者，是个极为优秀的风度翩翩的英俊少年。他不仅是社交场合的风头人物、杰出的运动员，还是大学学生团体的知名领袖。他从未沾染过任何坏名声，不骄傲，不势利，不虚伪，这一切连同他家庭的声望和金钱，使他无论走到哪里都十分受人欢迎。

说到家庭就不得不提一下 xuxu 的父亲，他是他们这一代人和他所在领域中最著名的人物之一，是在经济上和政治上都具有相当影响力的大鳄。

事情发生于 xuxu 的父亲认为他并没有努力学习，于是他被迫离开大学到另一所学院学习与他父亲事业相关的专业，以便实现他父亲的野心，即有能力胜任将要移交给他的公司最高职位。但对这种机会，xuxu 却做出一种奇怪的令人费解的反应：最先是缺乏热情，后来则是彻底厌恶，最后，不管他如何努力，凡与专业课程有关的一切科目他都不能及格。

与此同时他开始饮酒。在晚上，在他应该学习的时候，他总要到外面去放松几小时，而回来时则已烂醉如泥，于是误了第二天的功课。他的父亲在绝望中坚持安排他转入另一所学校，但到了新的环境中同样的事情又发生了，直到这时他才明白自己并不想继承他父亲的事业。他对此毫无兴趣，这种极其难得的事业上的机会对他来说一钱不值。他父亲总能说服他，而他也总是承认他父亲很可能是正确的，但接着又陷入沉默，并且一有机会便又开始醉饮。

接下来，几乎同时发生了几件事。

xuxu 发现了自己在绘画方面的一些才能，并坚决要求父亲让他尝试绘画。但他的父亲却认为，一个像 xuxu 这样在实业界有远大前程的人去涉足绘画是一件荒唐的事情，更何况他在绘画上最多也只具有中等的天赋，于是断然拒绝了他的这个请求。

被拒之后，xuxu 不顾他父亲的名望可能给他带来的无限晋升的机会，自愿参军入伍，并一步步跻身军官行列。在这期间，他娶了一个漂亮的女人，并且事后证明这个女人的才能、头脑和耐心均不亚于她的美丽。但在那段时间，她却经常成为他受处分的原因，因为他总是不请假就跑去看她。xuxu 继续大量饮酒，并在被撤职以后喝得更厉害。

此时，xuxu 的父亲已经完全接受事实，相信自己的儿子不可能继承自己的事业。父亲现在唯一的想法就是儿子能不再酗酒，找到一个能够自立的工作。在这以后的十年中，父亲赞助了一个又一个计划，在儿子身上花费了大量金钱，使他得以从事一个又一个职业，但最终却遭到一个又一个失败。而且失败均具有同样的特点：先是热情迸发，努力工作，建立起许多关系，有了很好的信誉和成功的希望，但接着就因为经常不在工作岗位而耽误了工作。然后是越来越多地喝酒，工作状况越来越糟糕，由此又导致他更加消沉沮丧。于是他喝酒喝得更加厉害，最后以破产、下狱、突然消失无踪等等戏剧性的情况来做终结。尽管如此，xuxu 却始终保持着一种和蔼、谦虚、诚恳的态度，以至每个人都相信他肯定已经悔悟，今后一定会重新做人。

"我已经糟蹋了一切。" xuxu 总是说，"我伤透了我母亲的心，糟蹋了最好的机会，虚度了青春岁月，错过了受教育的机会，不能供养妻儿却又拖累了家室。我从酗酒中究竟得到了什么好处？什么也没得到！有的只是连我自己也不希望发生的酒醉后的吵闹与发疯。"

从 xuxu 的世界中出来，我们再来看看他的家庭环境：他有一个法力无边、挥金如土，偶尔还摇摆不定的父亲；他有一个溺爱他的、是非不分的母亲；他还有一个父母明显偏爱的妹妹。

下面我们就依据"父母错误的养育方式→失望→矛盾→'口腔性格'→以酗酒的方式毁灭或者发泄"这条线索来做进一步分析。

在 xuxu 这个例子中，父亲是具有很高地位的，而这也是每个儿子无意识中都想超越的。但这只会给 xuxu 带来困难，因为父亲的伟大对他来说是达不到的。除此之外的另一个事实是他的父亲残酷地使用自己的特权。他高高在上，全知全能，有时候十分粗暴，有时候又居然伤感地流泪（到这里便是 xuxu 父亲的错误养育方式）。

大家都知道这种情况，一个始终严厉的父亲会激起孩子的反抗。而一个有时在饭桌上挖苦讽刺孩子直到孩子哭泣，有时又在人面前当着孩子的面夸耀孩子，并用无数礼物压得孩子喘不过气来的父亲，在同样激起孩子的反抗以外，还会造成一种局面：孩子的反抗还未来得及爆发便被压抑住。那是因为孩子在被父亲严厉刺伤的同时，还会因为他偶尔的仁慈而不忍心有正常的反抗。但也正是这种无法被顺利发泄的反抗能量淤积在 xuxu 心中，作为一个潜在动因，为他日后的酗酒埋下了一个坚实伏笔。（失望。）

除了对父亲造成的压抑反感之外，xuxu 对父亲的另一反感是父亲对妹妹的偏爱。这在父亲方面可能是正常的，但在儿子身上却往往被激发起无意识的对女性地位的羡慕，因为父亲对妹妹的态度始终是温和的。通常这种情感冲突的正常解决途径是孩子转向母亲以寻求在他成长岁月中需要的帮助，然后再离开家庭走向更友好更少冲突的生活领域。但在 xuxu 的案例中，想做到这点却有点困难，母亲不可能给予他正常的爱。因为像 xuxu 父亲那种地位优越的男人，他们的妻子若不是同样优秀的话，一般都很难从丈夫那里得到想要的重视。因此，她们通常就会把爱从丈夫身上转移到儿子身上。这样一来其实并没有很好地解决 xuxu 的问题，反而使情况变得复杂：过多的爱使 xuxu 透不过气，使他成了一个"被惯坏了的孩子"，不需要做出任何努力就能得到充足的爱（妈妈给予的）；同时，又增加了他对父亲的恐惧，因为在父亲的领地中他是一个入侵者（分割了妈妈本来应该给予爸爸的爱）。这一切造成了 xuxu 既需要爱又怕得到爱的心理。（矛盾。）

现在再回头看一眼 xuxu 的案例，我们会记得他的饮酒行为是始于他父亲坚持要他转学之时。父亲希望 xuxu 能继承自己的事业，而 xuxu 由于种种原因做不到这一点，这意味着他对父亲强加在他身上的生活的抗拒。

更何况，一旦他如父亲所愿步其后尘，就免不了要面对一种会令他感到万分痛苦和难以忍受的局面，那就是他要随时被拿出来与他本来就很敬畏的父亲做方方面面的比较，甚至是竞争。这是 xuxu 最不愿面对的，因此他选择了各种逃避，把父亲安排的一切事情都做得一塌糊涂。（这正是口腔性格的特征：既不能做胜利者又不能做失败者，因而通常只有退出一切竞争。）

还记得前面说过的 xuxu 希望做一个艺术家吗？在这方面他父亲试图挫败他的计划，而他也反过来用酗酒的典型方式挫败他父亲的野心，并且还做到了。表面看上去他做了父亲要求他做的一切，努力满足父亲的愿望，他之所以失败是经不住酒精的诱惑而已。（以酗酒的方式毁灭或者发泄。）

酗酒成因的第一条线索就分析完了。

在说第二条线索之前我想借着 xuxu 的故事来补充一下，究竟什么样的人容易酗酒。

从 xuxu 身上我们可以看出，他在父亲面前有自卑感，对妹妹有嫉妒心，对母亲则有幼童般的依赖。所有这些因素迫使他在生活中扮演着一种极其消极被动的角色。很多酗酒者身上存在的共性便是这个特点——消极。

接下来来看 jojo 的故事。

jojo 是一个有思想有才华的年轻人，他只有二十三岁，但看上去仿佛已经三十岁。他以优异的成绩考入名牌大学后，却由于大量饮酒被开除。此后，他由于醉酒和与女人鬼混而一次又一次地被解雇。他怀着最后一线希望来到心理诊所求救，不想堕落为一个不可救药的酒鬼。为此他下了巨大的决心，因为他的父亲最近去世了，家庭的重担已落在他的肩头，与此同时他的悔恨也与日俱增。

jojo反复梦到自己被关进监狱，这种梦使他坐立不安。他回忆说，就在他父亲死后不久，他曾好几次被同一个噩梦惊醒，在梦中他看见父亲的尸体站了起来，非常愤怒地指责他。他父亲是一个有头脑、有远见、有成就的人，曾对这个儿子极其失望，并且严厉地谴责过他。jojo承认他摆脱不了这样一种想法：父亲因为他酗酒而十分痛苦，这实际上是导致父亲死亡的主要原因。这就是jojo那些噩梦的起因。"我知道我杀死了我的父亲，"他说，"无怪乎我梦见自己进了监狱，我罪有应得。"

jojo继续做梦梦见自己被绞死或被囚禁，这使他心惊肉跳，以致不得不喝得烂醉，然后又悔恨不已。"我不过是一个酒鬼，一个堕落之徒，"他说，"让我喝死算了，我根本不值得费力拯救。"随后jojo中断治疗离开了医院，决心去实现他自我毁灭的计划。他继续喝酒，喝得酩酊大醉，酒后制造了一起车祸，这次车祸中有一位行人被撞身亡，而他也确实因为过失杀人而受到审判，但最后却被释放。

jojo的故事就说到这里了，让我们从中抽丝剥茧来寻找第二条成瘾的线索。

"jojo中断治疗离开了医院……继续喝酒……酒后制造了一起车祸，这次车祸中有一位行人被撞身亡……"这说明jojo在进行自我惩罚，以满足他受惩罚的需要（受惩罚）。

但是他为什么要惩罚自己呢？"jojo承认他摆脱不了这样一种想法：父亲因为他酗酒而十分痛苦，这实际上是导致父亲死亡的主要原因。"无度的酗酒事实上对jojo的父亲而言是种攻击，并对父亲造成了很大的伤害，jojo为此怀有深深的罪孽感。这也正是他惩罚自己的原因，很简单，为了良心的安逸，为了赎罪（罪孽感）。

那么为什么jojo会做出这种攻击性行为呢？在这里我们不难推测，是来自他内心的冲突，就像xuxu一样。

现在关键问题就出现了，是什么造成jojo心中这种冲突的出现？像很多前面讲过的心理疾病的深层成因一样，这是一种潜在的心理能量在作祟。

而这里它具体到一种性欲，一种未得到满足的性欲。一说出这个答案，恐怕很多人乍听起来会觉得匪夷所思和不可思议，那就容我继续道来。

尽管酗酒者会表现出大量的异性爱活动（这里假设酗酒者为男性），其内心深处却对女性、异性爱怀着隐秘的恐惧，而且认为它充满危险。他们往往意识到自己并不具有正常的性能力或性欲，坦白地说，他们并非想要从女性身上得到性满足，而主要是想得到温情、关心、爱——他们其实是在寻求母性的关心。而他们想要的这些也恰巧是正常女性拒绝给予一个成熟的男子汉的，因为女人们希望男人们能是她们的保护者和主人。

于是乎，当这种特殊的欲求得不到满足时，酗酒者就开始对身边的女人或者所有女性采取一种轻蔑、功利甚至仇视的态度，并转而以一种混合着友谊和挑衅的态度转向男人。就像一群男人在一起喝酒，誓要把对方喝趴下一样。由此虽然表现出短暂的欢乐和随和，但最终的结果却是痛苦和失落的。就在酗酒者和他欢乐的同伴（那似乎是他父亲的替身）一起痛饮的时候，他是在反抗和刺痛他真正的父亲，是在拒斥他真正的母亲或母亲的替身；这反过来又使其产生一种悔恨和罪孽感，并导致自我毁灭的发生，便又回到了一开始我们说的"受惩罚的需要"。

因此我们就总结出了酗酒成瘾的第二个线索：未得到满足的性欲→冲突→攻击后的罪孽感→受惩罚的需要。

就此，物质成瘾部分就全部讲完了。

第十六篇

恋童癖：

怪叔叔和小可爱的那些事

　　家长们还是多多关心留意孩子的状态吧。宝宝在受到性侵犯后害怕被责备，常常不会告诉父母，但是身体却会说话，如：睡眠变得不好，注意力不集中，学习成绩下降，爱发脾气或者身体上有特殊的伤痕，等等，还有一些只有你们之间才熟悉的微妙的东西发生了变化……

"十八新娘八十郎，苍苍白发对红妆。鸳鸯被里成双夜，一树梨花压海棠。"

这是宋代苏东坡嘲笑好友词人张先的调侃之作，那么我想现今流行的"小萝莉"和"大叔控"这两个词应当是从那时起就埋下了种子，看过小说《洛丽塔》的人都知道，小萝莉与大叔之间往往存在着一种另类情结——恋童癖。

为什么是大叔呢，大婶不行？据研究表明，恋童癖很少出现在女性中，所以它通常被视为中年男性的心理障碍。

一提到小萝莉，我们脑中大概会浮现出一个大眼睛小女孩的可爱形象。然而事实上，男孩比女孩更容易成为恋童癖的受害者，也就是"男小萝莉"，换个说法应该叫"小可爱"，怪叔叔更爱骚扰小可爱。

国外有天主教神父扰童案丑闻，国内有歌手红豆猥亵男童案，可以看出，恋童癖者总是在不断寻找一样东西——与儿童发生性体验。

当然，还有另类的亵渎行为，比如说观赏：恋童癖者会诱惑一群孩子参与到性生活中，让他们摆姿势拍色情照片……此情此景会不会让你想到电影《蝴蝶效应》里的镜头？是的，就是那样。

有时，在施虐的过程中，恋童癖者会动作粗暴，做出攻击性的行为，往往会造成受害者的死亡。比如说2011年发生在黄石团城山公园的"5·10"男童被害案，凶手就是一名恋童癖者。

但多数情况下，恋童癖者不会像上面那个凶手一样去寻找陌生人，他们会对身边熟悉的人下手，并且常会可着一只羊身上薅羊毛，直到东窗事发才罢手。如果受害者是其家人的话，那么这个恋童癖就会表现为乱伦的方式。但是乱伦就是乱伦，恋童癖也还是恋童癖，区别在于：乱伦的受害者往往是身体刚开始发育的孩子，以女孩居多；恋童癖的受害者往往是更小的孩子。很多恋童癖者其实也不会硬来，他们通常会用"说服教育"的方式来征服他们的小猎物。

二十几年前，那时改革春风刚刚吹满地，个体户私营是种潮流，私人承办的小型幼儿园曾经出现过多起幼儿园男老板猥亵幼女的事情。

不幸的是，即使虐待行为停止了，受害者们心里的痛苦也不会消失，很多会一直延续到成年。研究证明：在儿童时期经常遭到性侵犯的成年人会出现抑郁、自我毁灭、不信任他人的行为；在儿童时期遭受过性虐待的女性在成年后比其他女性更容易受到丈夫或性伙伴的虐待，完全是一种自暴自弃。一晃二十几年过去了，那时候受害的小女孩如今都长大成人，甚至步入中年。这个时候潜伏在她们身上的隐痛就渐渐以另样的形式表现出来，对她们的生活造成很大影响，比如一些心理障碍以及在性问题上表现出的混乱。

所以说恋童癖者真是"毁童不倦"啊。

现在幼儿园乃至小学中会不会还有这种情况？不好说。所以，家长们还是多多关心留意孩子的状态吧。宝宝在受到性侵犯后害怕被责备，常常不会告诉父母，但是身体却会说话，如：睡眠变得不好，注意力不集中，学习成绩下降，爱发脾气或者身体上有特殊的伤痕，等等，还有一些只有你们之间才熟悉的微妙的东西发生了变化……

这时就需要你作为守护神及时站出来阻止事态的恶化与蔓延，同时用爱用暖用希望来开导安抚受伤的宝宝，让他们重展笑颜！

当然，最好的办法还是预防。倘若宝宝只有几岁，你可以选择简单的方式告诉他们，别人对你做出什么样的动作是可以的，什么样的动作是不可以的；假使孩子已经上了小学或者初中，那你早该提前与他们好好谈谈"性"到底是怎么一回事，免得藏这掖那的，让孩子们因为好奇与无知而受难，对不对？

因为恋童癖的英文是 Pedophilia，所以我把下面这个案例中的男主角简称为 Ped。

就从他第一次案发说起吧。

那是一个初秋的傍晚，Ped 劝说邻居家两个五岁的小女孩随他到水库玩要。他拉着她们的手走在库坝上，那个季节那个时候，库坝及周边地区可以说空无一人，有的只是一路上斑驳的苔藓、鸟屎和静静的湖水。不知什么原因，也许是感到害怕，其中一个小女孩突然挣脱他的手跑掉了。Ped 并没有多加理睬，他领着另一个小女孩继续向坝的尽头走去。

到了预想的位置后，Ped 突然将她打倒在地，猥亵了女孩。

回到家后，Ped 很快被告发并被抓住了，那一年他十八岁。由于一系列原因，Ped 并没有被重判，他只是劳教了九个月就被放了出来。

至此，Ped 的第一次案发以一个非常轻微的代价终结了。

就在他被释放出来后不久，他开始紧锣密鼓地计划着下一次作案。这一回不幸降临到了一个独自在 Ped 家附近玩耍的七岁女孩的身上。Ped 瞄准目标后就上前诱骗女孩，女孩天真地答应了随他而去的要求。

接下来发生的是，行至一条无人小路时，Ped 突然紧紧抓住了女孩，卡住了她的喉咙并把她拖到旁边小树林里。可还没来得及实施性侵犯，他就发现女孩的脸色开始变青，呼吸困难，由于担心她真的死掉，Ped 沮丧地收手了。

过后女孩惊慌失措地跑回家，随后便失去了知觉。女孩的妈妈在女儿身上发现多处瘀紫和擦伤，并在腹部下方看到一个青灰的手印。尽管检查中并没有发现性侵犯的证据，但由于是累犯，并且对当事人造成的影响比较大，情节恶劣，Ped 这次被判了六年零八个月。

风花雪雨，一年又一年，Ped 在将近三十岁的时候，终于再次从牢中出来了。

此时的 Ped 已经臭名昭著，所以他选择搬到一个新的地方居住，但他的生活并没因此有新的开始。

最后的事情是在 1994 年 7 月 29 日的晚上发生的。Ped 邻居家七岁的小儿子球球出去找小朋友玩后就再也没有回来，接下来的二十几个小时里，警察、邻居、球球的家人及朋友，甚至包括 Ped 都在寻找球球，但是一无所获。直到有目击者称，他最后见到球球时，球球和 Ped 在一起，因此 Ped 就有了重大嫌疑。经过一番审问，他终于承认是自己掐死了球球，并抛尸于一个下水井。

对杀害球球的过程，Ped 如是说："我只是想摸摸他，然后亲吻了他。

当我脱下他的裤子抚摩他时，他开始激烈地反抗并大声叫喊，我怕被别人听到，就用手掐住了他的脖子，没想到他后来就没气了……"

Ped 被捕后，警察还在他的房间内发现了大量的色情与虐童的照片。

说到恋童癖的起因，那就得先说说 Ped 的父母，看看大家能不能从这里探出什么端倪。

实际上，Ped 有个非常非常糟糕的父亲。不知道大家有没有听说过女人的染色体是 XX，男人的染色体是 XY，但有一种男人的染色体是 XYY，这种人是"天生的罪犯"，犯罪的概率极高，也可以说这种宿命在娘胎中就注定了。

Ped 父亲的染色体是不是 XYY 就不知道了，但他确实像天生的罪犯一样在不停地犯罪，从十几岁开始便数进数出，不知悔改。

除此之外，Ped 的父亲还是酒鬼，喝多了拿孩子出气是家常便饭。而最令人发指的是：他猥亵两个孩子（Ped 不是独生子），尤其在 Ped 六至十岁这段年幼的时期，频率非常高；杀掉了 Ped 和他兄弟的宠物兔子，并且煮熟了强迫他们吃掉……

关于 Ped 的父亲，就说到这儿了，因为他没有和孩子们待多久就因为一次恶意伤害事件逃到外地避难去了，从此人间蒸发。

我们也该说说 Ped 的母亲了。

据说，Ped 的母亲在十八岁的时候智商测试的结果为七十三分。这是什么概念？很多智力测验标准通常把及格分定在七十分，也就是说低于七十分你就是弱智，属于智力障碍人士。

Ped 的母亲从小在贫穷中长大，并且有一个不幸的家庭，她在五岁的时候被生身父亲强奸了几次。除此之外，保守估计她先后嫁过四个男人，总共养育了三个孩子。

但是 Ped 后来的这三个爸爸，一个曾经把碘酒涂到 Ped 的"小鸡鸡"上，并扬言要剪掉它，另一个定期强奸 Ped 同母异父的妹妹。

唯独最后一个爸爸，从未虐待过 Ped 及他兄弟姐妹中的任何一个，反而如慈父一般待他们如掌上明珠，可以说，第四个爸爸是 Ped 生命中为数不多的一点光明。只是这丝光明对 Ped 这样渴求与需要爱的孩子来说消逝得太快太快，仅仅共同生活了一年，第四个爸爸就因肺癌去世了。

事后一份对 Ped 的研究报告中写道："Ped 对这个悲剧非常伤心……他完全迷失了自己。从此，Ped 的生命中不再有光明。"

说完了 Ped 父母的故事，恋童癖的起因我们也就可以窥探一二了。

第一，童年时受过虐待，尤其是性虐待，受害者往往在成年后也会变成一个施虐者，所谓冤冤相报何时了，恶性循环的怪圈往往就是这样不可避免地产生的。

第二，缺失关爱。可以看出 Ped 的母亲不是不爱她的孩子们，而是没有能力去爱，她自己的生活都相当混乱与无助，所谓泥菩萨过河自身难保，又何言照顾其他人呢？ Ped 的生身父亲就根本别提了，唯独横空出世的第四个爸爸，像天使一样照亮着 Ped 阴暗的生活，但是最后还是被天堂收走了。

第三，难道说童年受过虐待又缺失关爱的小孩子长大后都会像 Ped 一样吗？当然不是！因为还有很多其他的因素会左右和改变一个人的生命轨迹。

比如说，社会因素。

如果 Ped 能有两三个知己，或者有一个不离不弃的爱人，再或者社交环境，包括他的学校、工作单位等能给予他足够的关怀与支持，这在一定程度上会抚平他内心的创伤，会让他对生活的态度有所改变。

所以说，一种心理疾病的产生，绝不是三言两语和几个问题就说得清的，因为人的心理本身就是复杂的，那么心理疾病就是复杂中的复杂。一种心理疾病往往是多种病因共同作用的结果，每个人的情况又各不相同。

但可以肯定的是，上述的第一及第二条是导致 Ped 产生恋童癖的主要原因，所谓可恨之人也必有可怜之处。

恋童癖被大多数人厌恶，所以常用的疗法都是强制性的。患者本身也很少求医，除非被亲人安排或者被有关部门抓获。

这里纠正他们典型的三个错误认知非常重要：

① 我和儿童的性接触实际上对他们来说没有什么坏处，甚至还有好处呢。

② 孩子们是能够思考的，如果他们同意那样做，就不是性侵犯。

③ 如果他们不拒绝或者不强烈地拒绝，他们实际上是渴望有性接触的。

前文既然提到了乱伦，就顺带说一下吧。

前面说过，恋童癖不能等同于乱伦，因为不仅施暴对象有区别，施暴的动机也是不同的：乱伦很多时候只是一时兴起的行为，大多数情况下乱伦者还是会以成年人作为性伙伴的；恋童癖则不然，恋童癖者专门偏爱孩童，他们与儿童的接触是有组织有计划有预谋的，并不是在喝多的状态下发生的。

在我们当今人类社会，乱伦行为是被禁止的，因为它不仅违反社会道德，更重要的是近亲繁殖会导致后代产生遗传上的缺陷，很麻烦。

人类的乱伦有很多种类：父—女，母—子，兄弟—姐妹。有调查显示还存在着很少数的父—子、母—女间的乱伦，真可谓重口味中的重口味。

在这些种类中，父—女乱伦堪称"最大的背叛"，对受害者造成的极度痛苦和长期影响都是其他乱伦类型的两倍还多。研究还发现，被自己的父亲或是继父虐待所受到的伤害比其他任何形式的虐待都要严重。

但是，什么样的男人会攻击自己的女儿？是对性伙伴不加区分、灭绝人性的十足的恶棍吗？其实不然。研究结果也总是让人大跌眼镜，这群人往往有着非常强的道德感，甚至笃信某种宗教，是虔诚的教徒。

这些父亲只是将自己的婚外性接触锁定在了自己的一个女儿或者几个女儿身上，而且一般会从长女开始。

并且，父—女乱伦的发生总是与问题婚姻有关：在这场婚姻里，丈夫可能会经常折磨他的老婆，当老婆反抗或拒绝时，他们就会转而投向女儿来实施性侵犯。如果没有造成家庭破裂，这时让人无法理解的一幕也许会出现：妻子会假装不知道，因为害怕会失去一些东西；而受害者却成了家庭的管理者，甚至扮演起了替代性的妻子的角色，女儿变成了老婆。

毫无疑问，整场闹剧的背后最大的受害者还是女儿，与恋童癖造成的影响相似，她们也会自卑自责自我厌恶，对待他人和自己都非常冷漠，甚至容易患上一些更严重的心理障碍，比如说抑郁、焦虑等，最后导致药物滥用和自杀。

可谓生于父手，毁于父手。

重口味心理室诊疗记录

网友求助

先说说自己的情况。我应该算是受害者吧，小时候跟表姐有过性行为。我是女的，她比我大三岁，我直到上高中之前都以为那是游戏……

现在会间歇性抑郁，也不知道算不算，就是心情会很难过，会胡思乱想，然后越想越糟糕，会用刀割自己，吃药自虐。我先生知道所有的事情，所以他理解我。很感激。

遇见我先生前我曾劈腿并且随便跟人做爱，感觉做爱不是很亲密的事情，无所谓一样，和我先生在一起之后再也没有过了。但是会有强奸性幻想，而且做爱时会想自己看过的色情片中有关强奸的片段。

现在抑郁时上面说的那些自虐方法都会爆发。昨天摔了玻璃杯，然后把家里的止痛药都吃完了。我先生一直在我身边陪我，我不想这么下去了，真的很痛苦，我要怎么办才能好起来……

作者解答

我一贯奉行的是要疏不要堵的原则，心里有痛苦不能憋着，找个途径发泄是非常正确的事。

但很显然你的发泄方法后患太大了，会留下疤，感染，还会把肾吃坏。

我建议你以后痛苦的时候尝试一下别的方式。比如说用橡皮筋弹打自己内手腕，还有用两根手指夹住另一只手的一根手指用力抽，因为手指两侧的神经是很敏感的，所以会很疼，但是无害。在反复做这些的过程中，你可以做自我暗示，告诉自己要摆脱那些不好的东西。

此外，我建议你要有一门信仰，你可以参参禅，领悟一些这方面的道理，发泄过后试着让自己的内心变得平静。

还有，你可以多参加一些公益活动，比如说去喂流浪的小动物，或者去帮助一些残障人士。帮助别人的同时就是帮助自己，你会收获很多的，尤其在心灵方面。

还有什么呢？多去接触自然吧，多去感受美好的东西。

《可爱的骨头》这本书的作者就有被强暴过的经历，但她用另一种方式完成了自我的救赎，平衡了内心的冲突，释怀了过往的伤害，不知你看过没。你可以多看看这方面题材的东西，向那些受过伤害又顽强地站起来的人取取经，你也会完全好起来的，一切都没问题。

第十七篇

露阴癖:

来，给你瞧瞧!

　　早期的研究表明，大多数的露阴癖患者是非常害羞、温顺、不成熟的男性，但是最近的调查要推翻这种说法，没有什么证据可以证明他们有任何特定的性格或者特别的家庭背景，只有一点是可以肯定的：露阴癖患者性压抑，或者婚姻不幸福。有研究表明他们中的一部分是阳痿，露阴是他们性满足的唯一方式。

来讲个近一点的重口味吧。近到什么程度？我亲身经历过！

那还是一个夏日的夜晚，我走在回家路上必经的小花园里。行至半程的时候，右侧的灌木丛中传出了一阵低沉的嗡嗡声。一开始并不明显，待到我再向前走了几米，突然间，灌木丛被扒开，赫然出现了一个黑影！我终于听清楚了那嗡嗡的声音到底是什么："小姑娘，小姑娘，你来看，你来看……"

说着，那黑影向前一步噌地褪下裤子，借着路灯，露出了他"二弟"。

我当场冷笑三声，心说：露阴癖啊露阴癖，书中读你千百遍，今天终于让我碰上活的了！我那个兴奋啊……

呃……其实没有，当时的真实情况是，我一下子感到很震惊！害怕！反感！

震惊：这大晚上的，你哪儿来的啊？

害怕：本能反应，黑影你太突然了。

反感：你给我看这个干吗，我说要看了吗？

三种滋味横扫一圈过后，又生出另外一种感觉，那就是，愤怒！

但是，尽管如此，0.01 秒的停顿过后，我还是面无表情一声不吭，在他疑惑目光的注视下扭头走了，虽然心脏仍在怦怦地跳！

有人说，哎呀你真怂，就这么走了？

我怂吗？我聪明着呢！迅速回看上面提到的三个反应：震惊、害怕、反感。这些是什么？这些就是能让露阴癖患者得到心理满足的三个源泉，当然，是被害者表露出来的。

露阴癖（exhibitionism）指通过向没有准备的陌生异性暴露自己的生殖器而达到性唤起。

露阴癖同时还是最常被报警的性冒犯行为之一。虽然很多时候他们一提裤子就溜了，但是被逮到后必须严惩不贷，因为这种行为不被惩戒矫正的话，往往会让露阴癖患者走上更加严重的性犯罪道路。有研究表明，超过10%的儿童性骚扰者和8%的强奸犯开始的时候都是露阴癖患者。

那么什么样的人会做出这种行为呢？

早期的研究表明，大多数的露阴癖患者是非常害羞、温顺、不成熟的男性，但是最近的调查要推翻这种说法，没有什么证据可以证明他们有任何特定的性格或者特别的家庭背景，只有一点是可以肯定的：露阴癖患者性压抑，或者婚姻不幸福。有研究表明他们中的一部分是阳痿，露阴是他们性满足的唯一方式。

下面上案例：对公交车有需要的男人。

看到这句话大家能想到什么？公交车上的性骚扰？

确实，这种事屡见不鲜，很多女性都有过这样的遭遇，被碰被顶被摩擦，让人很恼火。我们的主角作为一个著名律师，一个帅气的单身男人，他可不屑于这种没有技术含量的勾当。

那就看看他是怎么做的吧。其实就个人条件而言，他在工作中可以有很多机会与漂亮女同事上床，但这并不是他想要的。唯一能让他兴奋的就是离开办公室，走到公交车站，然后搭上一班公交车周游全城，直到有一个比较漂亮的年轻女性上车。

这个时候，他会凑上前去磨磨叽叽，如影随形。就在汽车到达下一站前，他会成功在姑娘面前亮相自己的"兄弟"，随后一个纵身跳下车去，撒丫子就跑。这个时候他心里爽透了，别提多美了。

大家看完，感觉这些有没有难度？

凑到姑娘面前，同时还想有别人围观，需要什么？需要车里既不空也不满，上来的姑娘得是独身一个人，还要年龄合适，人漂亮。所以有时候我们的主角要在车上花上好几个小时来等待合适时机。

一次次公交车表演后，他慢慢意识到这样一个问题：要么因为露阴癖被抓住，因为他跳下车时通常都会有人在身后紧追他；要么因为天天都跑出去到处坐车，擅离职守被解雇。所以他很苦恼，工作可不能丢啊！没有办法，他开始另想主意，就把家中的一个房间改装成公交车内的样子，轮流邀请那些倾慕自己的女孩来到家中，然后脱掉裤子从房门跳出去……

可是总没有以前那么兴奋和爽透，因为这些毕竟不是原汁原味，不够刺激。

这个案例真是蛮特别的，大多数情况下露阴癖患者是到公园、电影院或商店、街上、花园等一些比较容易逃跑的地方寻找目标下手，你想啊，一旦他哪次准备跳车的时候正赶上车门坏了，门打不开，那结果可就……啧啧啧。通常露阴癖患者性唤起后，也就是爽了后，他们会当场或者回到家后自然地射精或用手淫的方式达到射精。我们的主角如果不是阳痿，那他应该就属于相对小部分的只是为了得到心理上慰藉的那群人。

虽然露阴癖患者不会对人造成身体上的伤害，因为通常会保持一定的距离，但对儿童还是会造成心理创伤。

男露阴癖患者们露出他们的"兄弟"是为了撼动受害者的内心，同时也是努力让自己相信自己还具有男子的气概，但是女露阴癖患者们这么做是为了什么？是的，有女露阴癖患者，男女比例4：1。她们裸露的方式通常和男露阴癖患者们很不同：袒露乳房。所以我觉得她们是为了展示美！

女生们遇到男露阴癖患者的时候该怎么办？

看我上面的做法，那就是标准示范！

如果有人觉得，不，不，不，你那个方法我看不够华丽，我给他来个反其道而行之，我不冷漠了，我要么表现出鄙视和讥讽，要么表现得兴奋异常，非常感兴趣，你看怎么样？那我告诉你，他这可就凑你身上去了，因为你一快乐他就会变得更加兴奋。只有漠视才能让他们无法得逞，所以说冷漠才是最重的回击，虽然有时它也是最大的伤害。

露阴癖发生的原因，有人认为是原始行为的释放，像大猩猩拍胸脯；也有人认为这与当事者的周遭环境有关系，比如说患者在小时候曾不小心偷看到他们父母不同程度的裸露，包括一起睡觉、一起洗澡、性生活的过程等等。看过后是不要紧的，只是有时候小孩子们懵懂而不得解，观念和思想就容易歪曲。尤其在我们国家，性教育长期以来被视为禁区，小孩子的观念就更容易歪曲。

要想更深入一点挖掘露阴癖的根源，还得说到潜意识，你需要打开弗洛伊德冰山里那道小门，潜到深处探寻真相。

很多人童年时都有过与异性或同性小伙伴相互抚摩外生殖器的经历，过后就不记得了，可是不记得并不代表不存在，它们只是躲入冰山底层中了而已。长大后，当我们遇到重大精神创伤或者性压抑，没法有效排解宣泄这些烦恼时，便会不自觉地启动幼年时的方式来解脱和宣泄成年的烦恼，这也可以说是露阴癖性变态行为产生的根源之一。

我们在恋物癖那一篇里讲过"巴甫洛夫的狗和他的经典条件作用"，虽然人类行为中的条件反射要高级复杂得多，但同样可以通过对它们的控制来治疗和矫正露阴癖障碍中的问题行为——裸露。

让患者自己也来憎恨它吧——厌恶疗法。其实，我们在恋物癖那一篇也讲过厌恶疗法，拿过来治疗露阴癖，效果同样显著。

把露阴癖患者放在那儿，然后给他一块肉？不是，是想办法诱导他想象自己的露阴行为，然后在这个时候来点猛料：用电流或者橡皮圈等刺激手腕、皮肤乃至生殖器官，又或者肌肉注射催吐药让其呕吐。

此后，每当露阴癖患者想象或者做出露阴行为的时候，都重复这些打击，天长日久，露阴癖患者的裸露行为和因打击而造成的厌恶情绪间便形成了条件反射，每一次裸露都会让他们内心感到无比难受。由于人天生就有逃避痛苦的本能，他们的裸露行为很快就会土崩瓦解，不复存在，从此以后过上了幸福的爱穿衣服的生活！

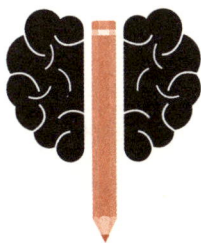

第十八篇

梦的解析：

重口味心埋学之特别篇

一位女士说，她小时候经常梦见上帝的头上戴着一顶纸质的三角帽子。

如果在没有做梦者提供帮助的情况下，你会如何解析这个梦呢？

弗洛伊德的《梦的解析》，达尔文的《物种起源》，哥白尼的《天体运行论》并称为导致人类三大思想革命的经典之作！

那么在这里我打算为大家讲一讲"梦的解析"，作为本书最后送给大家的礼物。当然，我要讲的不是《梦的解析》整本书，因为单凭我一己之力想要讲完，甚至仅是触碰一下如此伟大的一本著作，都显得那么不自量力！但是《梦的解析》对我而言又如此充满魅力，欲罢不能。

那讲的是什么呢？就是为了解决很多看过《梦的解析》的非专业人士甚至是专业人士都会有的一个困惑：看不懂！所以我所讲的内容更像是一份《梦的解析》的"说明书"。而且，看过这份"说明书"的人，自己在一定程度上也是可以具备解析梦的能力的。

既然是"梦的解析"，那我们就先来说一说什么是梦。

在这里我要先提出一个假设：梦是心理现象。如若不然，把梦当成躯体现象的话，那和我们梦的解析就没有关系了。

假设完毕，下面来看两个儿童的梦例。

为什么要用儿童的梦举例？是因为它们相比成人的梦更简短，清楚明白，内容一致，容易理解，并且伪装少。

例1：让一个一岁的小男孩将一篮樱桃作为生日礼物送给另一个孩子，但是他显然不愿意这样做，尽管大人许诺他也可以得到一些樱桃。第二天早晨，这个小男孩说："我梦见我已经吃光了樱桃。"

例2：一个三岁的小女孩第一次被带到湖里划船，返回时她号啕大哭，不想离开小船上岸，显然，对她来说，划船的时间太短了。第二天早晨，她说："昨晚我又去划船了。"可以揣测她在梦中一定划了好一会儿。

　　在这两个梦例中，儿童将先前的经历（送樱桃、划船）以梦的方式反映出来，这种经历对他们来说是一种遗憾，同时也表现出了他们的渴望和愿望。于是，他们便借助梦直接地和不伪装地满足了这种愿望（梦里吃光了樱桃、尽兴地划船）。

　　因此我们得出梦的第一个特点：梦是对愿望的满足。

　　这个特点放在成人身上也同样适用，尤其是那些忍饥挨饿的囚犯，粮绝的旅游者和探险者。

　　我们会发现在这些状况之下，梦的内容正是他们需要的满足。

　　来看一个南极考察者在他的日记中描述的自己和探险队过冬的生活：

　　"我们的思想意图通过我们的梦很清楚地表达了出来。以前，我们从来就没有那么多、那么栩栩如生的梦。甚至那些以前很少做梦的人，当我们早晨互相讲述梦境的时候，梦中的故事也是那么长。可以想到的是，我们的梦最经常涉及的是吃与喝。我们中间的一位朋友，他往往在晚上梦到他被邀请参加宴会，另外一位朋友则梦到漫山遍野的烟叶，还有一位朋友则梦到船只扬帆而来，穿越广阔的水域。还有一个梦值得一提：邮递员送来了我们的信件，并且还向我们反复解释为何信件会迟迟不到。这也许表达了我们很多人内心的一个共同想法：渴望与外界交流和归家。"

　　我们都知道，有许多因素会影响我们的睡眠，比如温度、噪声等等，因为这些因素都会通过对我们的生理产生刺激，对睡眠进行干扰。除了生理刺激会影响睡眠以外，还有另一样因素也会干扰睡眠，那就是心理刺激。生理刺激的干扰可以通过对环境的调节来去除，而心理刺激的干扰的去除依靠的则是梦。

　　来看下面的例子：

　　无论是谁，如果晚餐吃得过咸，并且在夜间感到口渴，在这种情况下都极有可能梦到自己在饮水。

　　但是做梦不能真的解决饥渴问题，从梦里醒来时，人们依然感到干渴难耐，需要喝水。

　　尽管梦并没有真正消除身体饥渴的强烈需要，但是它起到了一个重要的作用，就是保护人的睡眠不受干渴的干扰，不让刺激惊醒睡着的人，暂时满足了睡着的人想要喝水的愿望，以维持圆满的睡眠。

因此我们得出梦的第二个特点：梦是睡眠的保护者。

现在回到前面的小男孩和小女孩的梦。首先来看小男孩"我想吃这篮樱桃"，而梦的内容是"我已经吃光了樱桃"；小女孩"我还想继续划船"，而梦的内容则是"我正在划船"。

现在可以得出梦的第三个特点：梦是表达愿望的方式，是一种幻觉体验。

到此我们就知道为什么说经常做白日梦有助于心理健康了，因为白日梦实际上就是在满足一个人的愿望、野心、情欲等等。并且在白日梦中，尽管没有梦境中的景象那么真实，但也是非常生动的。

梦的三个特点我就简单说到这里，作为本部分内容开头的一个热身。下面我要正式进入梦的"解析"部分。

这里我要插入本篇的第二个假设：梦者很可能知道他们的梦的意义，只是他们不知道自己知道它，并且正是由于这个原因，他们认为自己确实不知道它。

这一点能够从催眠得到印证，看下面这个例子：

安排某些人进入催眠状态，让他们有某种幻觉经验，然后叫醒他们。被实验者们起初表示，他们对催眠时所发生的事一无所知。实验者却要求他们说出在催眠状态下所经历过的一切，他们坚持说他们不记得什么了。但是实验者再三肯定，坚持说他们知道那些经历，并且肯定能够记起来。那些人变得游移起来，开始回忆，开始模糊地记起催眠者所暗示的某件事，接着又记起另外一件事，再随后他们的记忆变得越来越明朗，越来越完整，最终不再有任何遗漏。

从这里可以看出，既然他们后来记起发生了什么事情，并且是从自己的亲身经验得到的，那么我们可以得出结论，他们其实早就知道了这一切，只是他们自己没有意识到而已，他们不知道自己知道它，并且还认定自己不知道它。这就证明了我们上面的第二个假设。

那么为什么可以用催眠来印证呢？因为催眠被称为人工促成的睡眠，我们让被催眠者进入催眠状态，在此期间所做出的催眠暗示与自然睡眠的梦有异曲同工之处，并且这两种状态下的心理情绪也十分相似。

说完了本篇的第二个假设，我们也就知道了梦的解析的意义。梦的解析作为一种精神分析技术，就是尽可能地让那些被分析者很自然地自己得出问题的答案。也就是说，能告诉我们梦的意义的正是做梦者自己，而不是别人。

现在问题就来了，做梦者是靠什么来得到他们的梦的意义的呢？这个问题其实不难回答，来看上边案例中被催眠者的表现就知道了："那些人变得游移起来，开始回忆，开始模糊……越来越明朗，越来越完整，最终不再有任何遗漏。"这种解析梦的技术便是：自由联想！

对梦到的事物进行由浅及深的自由联想！

许多人看到这儿会觉得这种技术有些不靠谱，因为那岂不是想怎么想就怎么想，天马行空，没有依据，又何来真正地解开梦的秘密呢？其实真实的情况是，做梦者产生的联想并不是任意的，也不是不确定的，更不会是与解析无关的东西。这种联想其实是受到内在的心理态度严格限制的，而这些内在的心理态度在发生作用时并不为我们所知。要不怎么做梦者通过一个梦境偏偏联想到某件事物，而不是其他呢？

下面就让一个实验来说明这个问题。

一位心理学家找来一个花心年轻人，年轻人有过很多女朋友，已婚的妇女和未婚的姑娘，并保持着各种不同程度的关系。所以这位心理学家让他随意记起一个女人的名字，这样他便可以有很多名字可自由选择。年轻人的表现让人吃惊，他并没有列举出大量女人的名字，沉默着回想了很长时间后，他告诉心理学家只记起了一个名字"白"，并且说除此之外根本记不起任何其他名字。

"真是奇了怪，这是一妞的名字吗？你能记起几个'白'？"心理学家颇感奇怪地问他。年轻人回答道，他其实并不认识名字叫"白"的女人，然后他也没有对这个名字做进一步的解释。

大家会认为心理学家的分析没有成功，但事实并非如此：他已经完成了分析，并且也不需要再做进一步的联想。情况是这样的，这个年轻人的皮肤特别白皙，就是我们俗称的"小白脸"。那时这位心理学家正在研究他性格中的女性成分，因此"白"就是他自己，他自己就是他感兴趣的那个女人。因此说很多人爱上某个人不是因为自己有多爱对方，而是因为对方有多爱自己。

与此类似，常在我们生活中出现的，当我们处于某种心境状态下，或是忧伤或是喜悦，我们总会不经意地哼到某个曲调。这里就存在一系列自由联想：心情→意念→歌词或者故事→曲调。

正是我们具备了这种梦的解析技术——自由联想，才能顺藤摸瓜地发掘梦真正想表达的含义。

介绍完解析技术，接下来就开始为大家揭开释梦的层层迷雾。

什么是梦的显意和隐意？

梦的显意很简单，就是梦表面上为我们呈现的东西。比如梦到掉牙、杀人，或者在天空中翱翔，等等。而在梦的显意背后所隐藏着的，只有通过做梦者的自由联想才能得到的东西，便是梦的隐意了。

在这里我可以举一个例子来清楚地说明梦的显意和隐意之间的关系，那就是意识和潜意识的关系。梦的显意对应的是意识，而梦的隐意则对应的是潜意识。这样两者的关系就一下子明了了：梦的隐意要通过梦的显意来表达，而且梦的显意相对梦的隐意来说，只能是其中一个很小的片段，或者说是梦的一个细节，一种暗喻，就像是一种单词的缩写。更形象一点说，梦的隐意更像是一部长篇小说，而梦的显意则是根据这部小说节选改编而成的电影。电影能把文字的东西转化成视觉形象，但是它能表现出的小说所要表达的思想情感内容是有限的，梦的显意对梦的隐意来说也是如此。所以假若我选择一个梦，然后清楚记下联想中所出现的所有观念（隐梦），这些可能比梦的内容（显梦）长好几倍。

释梦所要做的，就是通过梦的显意探寻梦的隐意，来表现梦真正想要呈现给我们的东西。

来看下面两个梦例中的显意和隐意的关系。

梦例 1：

一位女士说，她小时候经常梦见上帝的头上戴着一顶纸质的三角帽子。如果在没有做梦者提供帮助的情况下，你会如何解析这个梦呢？

这个梦听起来有点荒谬。但是我们从该女士那里听说，她小时候常常在吃饭时头上戴着相同的帽子，因为她总禁不住想要偷看兄弟姐妹盘子里的食物是否比她的要多一些。这样，帽子实际起到一个遮掩她偷瞄的作用。因为有这位女士的进一步联想提供了帮助，解析整个梦就变得容易多了。她还说："因为我听说上帝是无所不知无所不晓的。"

所以接下来这个梦的意思就是：帽子——遮掩的作用，上帝——无所不知，戴帽子的上帝——别人试图隐瞒上帝，但上帝什么都知道，是隐瞒不了的（即别人试图隐瞒我，但我还是知道了一切）。

梦例 2：

一位男士做了一个长时间的梦，这个梦的片段是这样的：他家里的好几个成员围在一个海星状的桌子周围坐着……

这个桌子使他联想到他曾在拜访一个特殊的家庭时看见过的同样一件家具。接着他继续联想：在那个特殊的家庭中，父亲和儿子之间有一种特殊的关系。然后他又联想到，自己和父亲之间的关系也是这样的。这样看来，梦中出现的这种桌子，是用来指代这种类似的父子关系。

那么梦的隐意是经过怎样的加工而表现为梦的显意的？

这里出现了一个"梦的工作"的问题：梦的隐意——经过梦的工作——梦的显意。而梦的工作包括：凝缩、移植、象征。

首先来看"梦的凝缩"。

我们都知道，和隐梦相比显梦的内容更少，因为显梦是隐梦的一种微缩形式。上边也提到过了，两者类似一种意识和潜意识的关系。并不是说在所有的梦中都有凝缩的存在，但是通常情况下是少不了它的，并且一般凝缩的程度很大。

下面就以我做过的一个梦为例子，为大家说一说什么是"梦的凝缩"。

我的梦是这样的，其实它很短暂，只是几个片段的闪回，其中一个片段是：在高中的教室中央，放着几排大学寝室中的床。这些床的四周摆放的是教室内的桌椅。我和高中同学、大学同学围坐在一起谈天说地。

这个梦中就有一定程度上的"凝缩"存在。我大概是因为怀念学生时代，想念过去的同学，所以会梦到高中的教室和大学的寝室。而梦的凝缩作用让我的这两个怀念对象融合在了一起，顿时，整个显梦就有点怪诞起来。

再接着说"梦的移植"。

在上面梦例 1 和梦例 2 中出现的便是"梦的移植"。"梦的移植"就是指梦不是直接表述自己的隐意，而是由其他无关的类似暗示的事物来代替。梦例 1 中，梦的隐意想表达的是：虽然别人想隐瞒我，但我还是能知道和看到一切。经过梦的移植后，它所表现的显意则为"戴着一顶纸质的三角帽子的上帝"。梦例 2 中，梦的隐意是表达一种父子关系，而经过梦的移植后，梦的显意中则表现为一种海星状的桌子。

最后，是我想花大篇幅来说的内容——"梦的象征"。一来是它非常有趣，二来是"梦的象征"是继"自由联想"之后，梦的解析的第二种技术。

我们知道很多梦可以通过"自由联想"的技术来达到解析的目的。但是，仍然有一些梦，做梦者在梦醒后却不能引发任何联想，甚至即使引发了联想，也不是我们解析梦时所需要的东西。

遇到这种情况怎么办？我们可以对其采用一种固定的翻译，就像《解梦大全》之类的书，在这些书里，对各种事物都有固定的翻译方法。

这些固定翻译的种类很多，在此不可能面面俱到，因此我就挑选出象征意义最为丰富的一个领域，让大家一睹它的奇妙与有趣之处，那就是性的象征——生殖器、性过程。

我们先来说男性生殖器在梦中的象征方式。

"3"这个数字可以作为整个男性生殖器的象征。原因很简单，男性外生殖器拢共由 3 部分组成，你们懂的。

　　还有很多形状和男性生殖器相似的东西也能作为"雄性器官"的象征，例如手杖、伞、竹竿、树干、蛇和蘑菇等，或者具有穿刺性和伤害性的东西，例如各种尖利的武器，小刀、匕首、矛、军刀、大炮、手枪等。这就不难理解为什么当女孩子受到性侵犯，感到焦虑和不安时，往往会梦到被手持尖刀或者手拿火器的男子追逐了。

　　有时，男性生殖器官还可能由能流出水的东西替代，如水龙头、水壶和泉水等等。至于为什么可以这样象征，你们还是懂的。

　　有时它们还能以可以拉长的东西为象征，如可自由伸缩的吊灯和铅笔等等。

　　因为男性生殖器官在勃起的时候是"违反"了引力定律的，无论是躺着或者站着的时候都是，所以它还可以用气球、飞机等事物来象征。

　　除此之外，梦还能够以另外一种更为有力的方式作为勃起的象征，那就是梦可以将整个人当作性器官，并使他（她）飞起来。梦里飞行是大家所熟悉并且连我本人也经常梦到的，它带来的感觉毫无疑问是愉快的，而现在我却把它解释为一种性兴奋或者勃起，乍一听会不会让大家吃惊？然而深入地回味一下，还就是这么回事。

　　有人看到这里也许会质疑：你是一个女人，为什么也会梦到飞翔？要知道，那是男性性兴奋和勃起的象征。我想说，大家不要忘了一件事，那就是梦是愿望的满足。不仅我，所有女人，都会时常在自己的意识或者潜意识里有一种欲望，试图使自己成为男子。

　　说完了男性生殖器的象征，接着说女性的。

　　女性生殖器通常由具有容纳性的东西来象征，例如坑、洞穴、罐子和瓶子，以及各种大箱子、小盒子、柜子、保险箱、口袋等等。

　　如果梦到房屋或者房间，其中门和窗户可象征阴户。这是因为在解剖学中，身体的出入口常常被称为"门"或者"户"。因此房屋的窗户、大门、屋门等都可以用来代表身体的"开口部分"。

　　如果用动物来象征，蜗牛和蚌肯定是女性的象征，因为它们的形状实在是……

　　花朵通常也是女性生殖器的象征，特别是指代处女的生殖器。这一点非常好解释，大家不要忘记了，花朵实质上就是植物的生殖器官。

乳房也可归类于性器官，这些女性身体的半球状部分，其象征以苹果、桃子以及一般水果来表示。

此外，梦中两性的阴毛则多以森林和竹丛象征。

说完了两性的生殖器，我们继续来说一下性过程。

自慰可以由多种行为来象征，例如弹钢琴。可以由滑动、溜动以及折枝来暗指。

除此之外，掉牙和拔牙也可以象征自慰。这恐怕会让很多人大跌眼镜，认为两者是八竿子打不着的事。然而它们确实是有这样一层含义的，自慰在很多文化中和观念里是一种不合适的行为，甚至应该受到惩罚。掉牙和拔牙就意味着以一种"宫刑"的手段来对自慰进行惩罚。

扫烟囱和上梯子可象征着性交，因为事实表明：有许多动物在性交时，雄性必须爬上雌性的背部。

说完了性的象征，我们再来简单看一下"生死"的象征。

在梦中，出生的象征通常与水有某种联系：有人入水或者出水，也就意味着有人分娩或者有人出生。这是因为不仅所有陆地生物，包括人类的祖先在内，都是从水里演化而来的，而且每一个哺乳动物，每一个人的第一阶段都是在水中度过的——胚胎时生活在母亲子宫的羊水之内，分娩时由水中而出。

在梦中，死亡的象征是离别。这是因为，当我们被一个孩子问起，他死去的亲人去哪儿了的时候，我们不会告诉小孩子他（她）的亲人已死去，而是会说他们出远门了，或者去旅行了。很多剧作家、小说家也用到了这种象征，把死亡说成"一去不返"。即使是在日常交流中，也常常把死亡比喻成"最后的旅行"。

象征就说到这儿，下面用它来分析几个梦例。

梦例 1：

这是一位年轻的女士一个晚上做的三个相互交织的梦。

A. "她正走过自家大厅，头部撞到了挂得很低的灯架上，以致血流出来。"

这件事在她过去和现在的生活中从来没有发生过，但是这位女士为这个梦提供了这样一个信息："我的头发掉得很厉害。昨天我母亲对我说：'孩子，如果长此以往，你的头就快秃得像屁股啦。'"注意其中的"你的头就快秃得像屁股啦"，梦中的头其实代表的是身体的下部。"挂得很低的灯架"，这个刚刚在性器官的象征中介绍过，因此无须解释，我们就能理解灯架的象征：所有能够被拉长的物体都是男性生殖器的象征。

所以梦的隐意现在已经推导出来，就是指代身体下部因和阳具接触而流血。但是这样的解释仍然不是很确定的，我们需要做梦者做进一步的联想。这位女士解释道，她还是个处女，并未与任何男人发生过性关系。因此对这个梦的最终推导我们可理解为，它涉及月经来潮以及想与男子性交的想法与冲动，这是少女常有的怀春之心。

B. "她在葡萄园中看到一个深洞，她知道这个洞是由于树木被拔去而留下来的。"

这位女士还补充说"树不见了"，其意思是说她在梦中没有看到树。但是同样的一句话却有另外一种意味，那就是她认为女孩起初和男孩有同样的生殖器，自己成了现在的样子是被阉割的结果（树被拔出来）。这个梦意指了该女士的一种幼稚的性知识。

C. "她正站在写字台的抽屉前，抽屉是她所熟悉的，如果有人触摸它，她会马上察觉。"

写字台的抽屉，像所有的抽屉、箱子、盒子一样指代的是女性的生殖器。"如果有人触摸它，她会马上察觉"，是说她知道性交后能在生殖器上留下痕迹，这也是她所担心和提防的。

以上三个梦的重心在于"性知识"的观念，是这位女士对性探索的过程的体现。

梦例2：

一位妇女讲述了她晚上做的梦。

一个头戴红帽的军官在街道上追赶她。她试图摆脱他，跑上楼梯时，他还紧随其后。她气喘吁吁地跑进自己的房里，关上门并且上了锁。他则在外面，她从锁孔中向外窥见他正坐在门外的凳子上流泪。

在解析这个梦之前，我们先来交代这个梦的背景。这位妇女当晚与一位先生共度了一夜。在欢爱时，这位先生称赞这位妇女身上具有母性的特点，因此让这位妇女有了要生小孩的愿望。但是他们这种偷情关系是需要设法避孕的，事后这位妇女就做了这个梦……

下面开始这个梦的解析。

不用多说，大家都知道，红帽军官的追逐（帽子象征着男人的阳具）和那位妇女上楼梯时的喘息等象征着性行为。然而做梦者，也就是这位妇女却将追逐者关在门外，这是梦中常有的倒装作用，是做梦者把自己与对方在梦中互换了位置。这位妇女在梦中将追逐者关在门外，其实相当于现实中对方将她关在门外，也就是对方的一种拒绝。这种拒绝是男性在性交之后不应期的表现，表现得不想再做爱。除此之外，她还梦到对方坐在门外的凳子上流泪。这其实是她将自己悲痛的情绪转移到男人身上，实际上是她自己为这段不能见光和不为世俗认可的关系感到悲伤和沮丧。同时，梦中的流泪其实是现实中射精的象征。

到这儿，梦的三个工作（凝缩、移植、象征）就全部介绍完了。

上面说的是梦的隐意要经过"梦的工作"来表现为梦的显意，既然梦最终想告诉大家的是隐意里的内容，那它为什么要借助显意来表达，而不是自己直接表达？这里就有了另一个问题：梦的伪装！

梦为什么要伪装？

带着这两个疑惑，我们先来看一个来自一位老妇人的长长的梦。

　　这个梦与第一次世界大战时的"慰安服役"有关。她到第一军医院去，告诉门警说，她想到医院志愿服务，需要和院长谈一下。她在说话的时候，极为强调"慰安"两个字，门警犹豫了一会儿，后来还是让她进去了。然而，她进门之后没有去找院长，却来到一个很大的暗室内，在暗室中有许多军官和军医，他们正站在或者坐在一张长桌的旁边。她对一位军医说明了自己的来意，她还没讲出几句话，这位军医就明白了她的意思。她在梦中所讲的话是："我和许多其他妇女及女孩都准备……（喃喃声）提供给军队的军官们和其他任何士兵服务。"

　　她可以从军官的半感困惑、半怀恶意的面部表情看出，他们每个人都正确地理解了她所要表达的意思。这个老妇人继续说："我知道我们的决定听起来会令人感到很惊异，但我们都十分热忱，愿为祖国贡献我们仅有的力量。"之后是几分钟令人难堪的静默。紧接着，军医就用双臂抱住她的腰说："太太，假如你真打算这样……（喃喃声）"她从他的双臂中脱身，回答道："天哪，我是一个老妇人，我本不应该来到这里。另外，你们必须遵守一个条件，你们要尊重我的年龄。一个老妇人总不能和一个小男孩……（喃喃声）简直太可怕了。""我们完全能够理解你。"军医回答说。一些军官放声大笑起来，其中有一位还是她年轻时的追求者。最后，这位老妇人要求见院长，军医很礼貌地为她指明道路，告诉她要见院长，需要通过一条很狭窄的螺旋形楼梯，由这个房间可直接上到楼顶。她在上楼梯的时候，听到一位军官笑着说："无论她的年龄大小，做出这个决定真是够惊人的，我们要向她致敬！"

　　老妇人的梦就讲到这里了。

　　来看老妇人的梦，其中有三处"喃喃声"，这说明了什么？说明人的梦中也有一套系统，对梦做出审查。不难看出，老妇人梦中被"喃喃声"打断的地方，正是令她感到难堪和违背伦理道德的地方。隐梦里那些令人不愉快，难堪，背离伦理、审美和社会观点的东西经过梦的审查后，只能以伪装的形式出现在人的显梦里。人的显梦通常经过粉饰和伪装后会变得冠冕堂皇，但是揭开这层伪装，探入梦的隐意后，有很多真相却会让做梦者本人难以接受。

　　一位先生反对说："什么？通过这个梦，你们要向我证明，我其实并不愿意为妹妹的嫁妆和弟弟的教育花钱吗？但是事实并非如此。我辛勤工作都是为了我的弟弟和妹妹，我关心他们是尽我作为兄长的职责，因为我是家中的长子，我曾经向去世的母亲承诺过。"

　　一位女性反对说："你们是说我希望我丈夫死吗？这完全是无稽之谈！我们的婚姻很幸福，我这样说你们可能不相信，但是失去了他我就等于失去了整个世界。"

　　另一位男子抗议说："你们以为我对妹妹怀有性的欲望吗？这简直太荒诞了！我们之间互不关心，素来不和，并且我多年来都没有搭理过她。"

　　然而以上这些想法，却真的是来自他们内心深处潜意识中的。

　　为了很好地解释梦的伪装，下面我们运用上面所说的内容，来完整地解析一个梦。

　　这个梦例来自一个尽管年轻却结婚多年的女士，我们就在这里称她为娜娜好了。梦的内容是：娜娜和她丈夫一起坐在剧院里，正厅前排座位的一边完全空着。她丈夫对她讲，爱丽丝和她的未婚夫同样也想来看戏，但是只能以一块五美元买到三张很差的座位的票，他们当然不想要。她想，他们如果买了这种票，其实也不会有什么损失。

　　下面我们开始来逐步解析这个梦。

　　首先，在许多梦里面，梦的起因极可能是前一天发生的事情，并且做梦者是能够很容易联想起这些的。来看梦中的这个细节"正厅前排座位的一边完全空着"——它其实暗喻了一个星期前发生在娜娜身上的一件真实的事情。那时她计划去看一场戏剧，所以预订了戏票，但是戏票预订得太早，因此花了一笔冤枉钱。当她在戏院里坐定时，她才发现有一边的座位几乎是空着的，就算是上演当天买票也一点问题都没有。她的丈夫听闻后也嘲笑她做事太着急了。

　　继续分析，"她丈夫对她讲，爱丽丝和她的未婚夫同样也想来看戏"——现实生活中这位女士有一位和她同龄的叫爱丽丝的朋友，并且刚刚订婚。

再继续，"但是只能以一块五美元买到三张很差的座位的票"——其中的一块五美元该如何解释呢？这来自娜娜前一天听到的一件事情：大嫂收到娘家寄给她的一百五十美元，就匆匆地跑到珠宝店，用这些钱买了一件珠宝。这个一块五美元代表了一百五十美元，可以看作娜娜的嫁妆。

为什么会出现三这个数字呢？对它，娜娜没有任何有联系的联想。这时就要用到前面提到过的"梦的象征"，我们知道三这个数字实际上代表的是男子。因此我们可以这样解释梦的这部分：娜娜用她丰厚的嫁妆换来一个不满意的丈夫。因为一百五十美元是可以买到珠宝的，但是在梦中却只买到三张座位很差的票（暗指她的丈夫）。

现在我们回顾对这个梦的分析："太早了（订票），太匆忙了（买珠宝）"——"跟她同龄的爱丽丝刚刚订婚，而她已经结婚十年了"——"我可以用丰厚的嫁妆买到更好的丈夫"。

就此不难看出娜娜心中这个梦的真正隐意：应该以爱丽丝为榜样，我这样急于结婚实在是太傻了，晚一点我也不愁找不到丈夫。曾经我还以我的早婚为荣，觉得自己比朋友幸福，但是现在我瞧不起我的丈夫，后悔结婚太早。

该梦的解析完毕。

图书在版编目（CIP）数据

重口味心理学 / 姚尧著 . —— 长沙：湖南文艺出版社，2022.1（2023.12 重印）
ISBN 978-7-5726-0510-9

Ⅰ.①重… Ⅱ.①姚… Ⅲ.①心理学 – 通俗读物
Ⅳ.①B84–49

中国版本图书馆 CIP 数据核字（2021）第 260260 号

上架建议：畅销·心理学

ZHONGKOUWEI XINLIXUE
重口味心理学

作　　者：姚 尧
出 版 人：陈新文
责任编辑：吕苗莉
监　　制：毛闽峰
策划编辑：周子琦
文案编辑：孙 鹤
营销编辑：刘 珣　焦亚楠
封面设计：利 锐
版式设计：李 洁
出　　版：湖南文艺出版社
　　　　　（长沙市雨花区东二环一段 508 号　邮编：410014）
网　　址：www.hnwy.net
印　　刷：三河市天润建兴印务有限公司
经　　销：新华书店
开　　本：680mm × 955mm　1/16
字　　数：284 千字
印　　张：18
版　　次：2022 年 1 月第 1 版
印　　次：2023 年 12 月第 2 次印刷
书　　号：ISBN 978-7-5726-0510-9
定　　价：55.00 元

若有质量问题，请致电质量监督电话：010-59096394
团购电话：010-59320018